水産総合研究センター叢書

水産資源の
データ解析入門

赤嶺 達郎 著

恒星社厚生閣

はじめに

　データ解析は統計学を含む幅広い手法の総称であるが，その根本に確率分布を用いた数値計算やモデル構築がある．水産に限らず農学や生態学に関する研究者は一般に数学が苦手であるため，面倒な確率計算やモデル論は省略されることが多い．しかし，表計算ソフトの普及によって誰でも簡単にデータ解析が行えるようになってきたため，研究の現場において初歩的な誤りや理論的不整合が目立ってきているように思う．

　この本では対話形式によって，基本的な数値計算や確率計算の演習を行っている．生物データを扱う研究者はもともと数学能力が劣るというよりも，そのような計算に慣れていないだけで，むしろ数学的センスに恵まれている人も少なくない．水産資源解析で扱う問題は数学的には大学1年生程度なので，対数微分と部分積分のテクニックさえマスターしてしまえば，実力が格段にアップすると思われる．

　この本の前半は水産資源学に関する代表的な手法やモデルの解説で，後半は統計学に関する解説である．アイデアを優先させたため，一部ではかなり泥臭い計算を行っている．T君のモデルは実在するが，本書に描かれているほどには数学が得意ではない．実際には後半の方を先に書いたため，T君の数学レベルは前半の方が高くなっている点に注意されたい．

　具体的な内容を紹介すると，最初に水産資源解析の歴史について概説した．続く4章では著者が行ってきた研究テーマを解説したが，これらは1980年代においてパソコンを用いて解決された問題である．データ解析の入門として最適な問題と判断した次第である．最後の4章は数理統計の基本的な問題を，かなり掘り下げて解説したものである．具体的にはガンマ関数を中心とした計算なので，ガンマ関数の生みの親であるオイラーの仕事についても簡単な解説を加えた．

　著者が危惧するのはここ数年，主としてベイズ統計の普及によって統計学の誤用が急速に広まっていることで，とりわけ最高密度領域（HDR）のような基本的な概念が生物学者にほとんど理解されていないように見受けられるのは，きわめて深刻な事態のように思える．またリチャーズの成長式のような簡単な数式が正確に理解されていないのは，高校から大学にかけての数学教育に問題があるように思える．この本で紹介した事例を読者自身が実際に追体験することによって，データ解析におけるセンスとテクニックを獲得されることを願っている．

　本書をまとめるにあたり，お世話になった（故）加藤史彦さん，（故）石岡清英さん，大原一郎さん，山川　卓さん，須田真木さん，山越友子さんに感謝申し上げます．また出版の労をとっていただいた中央水産研究所の堀川博史資源評価部長，水産総合研究センター本部広報室の方々，恒星社厚生閣の小浴正博さんに感謝申し上げます．

　　2010年1月

　　　　　　　　　　　　　　　　　　　　　　　　　　　　　　　　　　　赤嶺達郎

目　次

1. 水産資源解析の歴史 ·· 7
   - 1・1　ロトカ・ヴォルテラ方程式 ········· 7
   - 1・2　昔の教科書 ···························· 11
   - 1・3　黄金時代 ································ 13
   - 1・4　系群って何？ ························· 17

2. 連立方程式の解法 ··· 19
   - 2・1　サケの回帰率の推定 ··············· 19
   - 2・2　良条件と悪条件 ······················ 21

3. 混合正規分布 ··· 24
   - 3・1　ガウス・ザイデル法 ··············· 24
   - 3・2　マルカール法 ························· 27
   - 3・3　最尤法 ···································· 30
   - 3・4　ハッセルブラッド法 ··············· 32
   - 3・5　EMアルゴリズム ···················· 35

4. 成長式あれこれ ··· 38
   - 4・1　成長率が季節変動する成長式 ······ 38
   - 4・2　リチャーズの成長式って何？ ······ 43
   - 4・3　変曲点は？ ···························· 45
   - 4・4　再生産式の一般型 ··················· 47
   - 4・5　パラメータ推定 ······················ 51
   - 4・6　主成分分析 ···························· 55
   - 4・7　生物集団の数学 ······················ 59

5. 個体数推定は難しい？ ··· 65
   - 5・1　イタヤガイ幼生を計数する ······· 65
   - 5・2　ベイズ統計事始め ··················· 68
   - 5・3　区画法の検討 ························· 73
   - 5・4　ペテルセン法って何？ ············· 75
   - 5・5　デルーリー法は使えるか？ ······· 79

6. ベイズ統計と生態学 ·· 84
   - 6・1　ポアソン分布 ························· 84
   - 6・2　尤度比検定を用いた区間推定 ······ 86
   - 6・3　従来の古典的な区間推定 ·········· 88
   - 6・4　ベイズ統計による区間推定 ······· 90
   - 6・5　フィッシャー情報量と積率 ······· 93

7. 落ち穂拾い ··· 97
   - 7・1　VPAって何？ ·························· 97
   - 7・2　経済学の本？ ························· 99
   - 7・3　マッケンドリック方程式とは？ ····· 99
   - 7・4　自然死亡率の推定 ·················· 100
   - 7・5　ロジスティックモデルの解法 ····· 100
   - 7・6　再生産式の導出 ····················· 103
   - 7・7　行列モデル ···························· 104
   - 7・8　そろそろ ······························· 113

8. 標準偏差の不偏推定は $n-1.5$ で割る？ ……………………………………………… 114
  8・1 表計算ソフトによる検算 ………… 114 8・2 正しい式を導いてみよう ………… 116
  8・3 どうして 1.5 が出てくるの？ …… 119 8・4 $n-1.5$ を導いてみよう …………… 120
  8・5 ウォリスの公式って何？ ………… 125 8・6 不偏推定量について ……………… 126

9. ウォリスの公式再び ……………………………………………………………………… 127
  9・1 ウォリスの公式の精密化 ………… 127 9・2 正規分布の積分 …………………… 130
  9・3 サイン関数の無限積表示 ………… 133 9・4 補足的な話 ………………………… 135

10. オイラー ………………………………………………………………………………… 138
  10・1 オイラーの公式 ………………… 138 10・2 オイラー積 ……………………… 143
  10・3 多面体定理 ……………………… 146 10・4 オイラーはどんな人？ ………… 148

11. 円周率と確率分布 ……………………………………………………………………… 150
  11・1 ヴィエタの公式 ………………… 150 11・2 ウォリスの公式 ………………… 152
  11・3 アーク・タンジェント関数 …… 154 11・4 カイ 2 乗分布の導出 …………… 154
  11・5 F 分布と t 分布の導出 ………… 161 11・6 ベクトルの内積と外積 ………… 168

文　献 ……………………………………………………………………………………… 171

1. 水産資源解析学の歴史

 T君 お早うございます．相変わらず，お元気そうですね．

 **A先生** いえいえ，最近またテニスエルボーをやってしまって，体力の衰えを痛感しているところです．

T それは変な打ち方をしているからでしょう．ところで，そろそろ水産資源解析を本格的に勉強しようかと思います．

A 私が学生時代に習った水産資源学の教科書は，久保・吉原(1969)でした．資源生物学の方面を久保伊津男先生が，資源解析学の方面を吉原友吉先生が分担執筆していて，非常に優れた教科書だったと思います．

T 僕の頃には必須科目ではなくなっていたので，授業は受けませんでした．

A それは残念！ では昔話から始めましょうか．

1・1 ロトカ・ヴォルテラ方程式

A 私が水産学科に進学して水産資源学を学び始めた頃，工学部の友人に「ヴォルテラでもやるのか？」と聞かれました．森口繁一先生の本(森口1978)によって工学部関係にもヴォルテラ方程式は知られていたようです．

T ロトカではなくて，ヴォルテラの方ですか？

A ヴォルテラ(1860-1940)は積分方程式で有名な数学者で，新数学事典(一松ら1979)にも写真が出ています．カール・ピアソンとほぼ同時代の人で，数理関係者には積分方程式の研究者として有名だったのだと思います．

T ロトカはどんな人だったんですか？

A ロトカ(1880-1949)は生命保険会社の統計部門などに勤務した人で，1925年に数理生物学の金字塔となった「物理的生物学の原理」を出しています．

T 共著ではないのにどうして2人の名前で呼ばれているのでしょう．

A 刊行はロトカの方が早かったのですが，2人ともかなり以前から研究していたし，数学的な扱いはヴォルテラの方がより専門的だったからじゃないでしょうか？

T 日本ではいつ頃から知られるようになったのでしょうか．

A 図書室で見つけてきた函数生物学(八木・小泉1929)という本には，ロトカの本が引用されて内容が紹介されています．表紙には解曲線の図が隅に描かれているので，かなり重要視した証拠だと思います．ちなみに本文は漢字とカタカナで書かれています．

T ということは，生物学の方面では昭和の初期から知られていたわけですね．

A　ええ．それから水産では久保・吉原（1957）にヴォルテラの名前とともに紹介されていて，ロトカの名前も出ています．ヴォルテラの娘婿のダンコナは水産資源学者ですから，水産ではヴォルテラの方が有名だったようです．ダンコナが漁獲量変動についてヴォルテラに相談したのが，このモデルの始まりだそうです．

T　森口先生の本には「食う魚と食われる魚」という章で，ヴォルテラの1931年の論文が引用されています．その論文の序文にロトカの1925年の本とヴォルテラの1926年の論文が引用されているようです．この章はもともと数学セミナー1968年6月号に載ったもので，約18年前のアメリカ留学中にHotelling先生に教わった話，と書かれています．

A　ということは森口先生が1950年頃にアメリカで教わった話を1960年代後半に数理関係者に紹介したわけですね．今では微積分の教科書にも出ていますから，広く一般に知れ渡っていると考えてよさそうです．

T　連立微分方程式のモデルとしては，軍拡競争や伝染病のモデルなどと一緒に，佐藤（1987）に解説されています．この本のあとがきによると昔は文献収集でかなり苦労されたみたいですね．

A　代表的な食う食われるモデルについて解説すると，x を食われる魚（餌）の数，y を食う魚（捕食者）の数とおくと，次の連立微分方程式になります．

$$\frac{dx}{dt} = x(r - ay)$$

$$\frac{dy}{dt} = y(bx - c)$$

t はもちろん時間ですが，右辺に t を含まないので，このようなモデルを自励系とか力学系とか呼びます．

T　定数の r は何ですか？

A　これは1変数のロジスティックモデル

$$\frac{dx}{dt} = rx\left(1 - \frac{x}{K}\right)$$

が基本になっていて，r を内的増加率，K を環境収容力と呼びます．

T　ははあ．そうすると r は餌の内的増加率ですね．餌だけなら餌の数が環境収容力に近づくにつれて増加率が減りますが，それがロトカ・ヴォルテラ方程式では捕食者の数に置き換わっているのですね．

A　この連立微分方程式は非常にシンプルなので，解析的に解けます．上の式を下の式で割ると，

$$\frac{dx}{dy} = \frac{x(r - ay)}{y(bx - c)}$$

となりますから，変数分離型

$$\left(b - \frac{c}{x}\right)dx = \left(\frac{r}{y} - a\right)dy$$

に導けます．

T　なるほど．両辺を積分すると，

$$bx - c\ln x = r\ln y - ay + C$$

となるから，変形すると，

$$x^c \mathrm{e}^{-bx} y^r \mathrm{e}^{-ay} = A > 0$$

という解を得ます．時間 t が最初に消去されているので，これは解の軌跡つまり解曲線を意味していますが，どのようなグラフになるかというと……？

A　手始めに y を定数に固定すると，

$$x^c \mathrm{e}^{-bx} = A' > 0$$

となります．左辺はリッカー型再生産曲線

$$R = \alpha S \mathrm{e}^{-\beta S}$$

やガンマ関数

$$\Gamma(s) = \int_0^\infty t^{s-1} \mathrm{e}^{-t} \mathrm{d}t$$

の被積分関数に似ています．したがって単峰型の関数です．$y > 0$ の1つの値に x の2つの値が対応します．次に x を定数に固定すると同様に $x > 0$ の1つの値に y の2つの値が対応します．

T　ははあ．楕円と似たような閉曲線になるのですね．

A　ええ．A の値によって閉曲線が決まりますから，等高線を作図できるソフトがあれば描くことができます．しかし最初の連立微分方程式にもどって，t を動かしながら作図する方が一般的です．森口先生の本では最初にオイラー法で作図しています．

T　大数学者として有名なオイラーですね．

A　これだと曲線が閉じなかったため，作図法を改良して最終的に閉曲線を描いています．今ならパソコンソフトで簡単に描けると思います．

T　森口先生は最後に，解析的に解く能力と数値的に解く能力の「この両方の能力をあわせもつことこそ，われわれの理想とするところであろうと信ずる次第である」と書かれていますね．

A　ところで解曲線が閉曲線になることは数学的には美しいのですが，生態学的には困ったことなのです．

T　といいますと？

A　系が安定していないということで，復元力がないため外力を与えると，閉曲線が外側に拡大して，最悪の場合にはどちらかの個体数が0になって絶滅してしまいます．

T　餌が絶滅した場合は捕食者も絶滅しますし，捕食者が絶滅した場合は餌が無限大まで増殖してしまうことになりますね．

A　それでいろいろ研究されています．たとえば餌に環境収容力を組み込むと，両者とも平衡点に向かって収束するため，系が安定します．

T　なるほど．80年も前に提示されたモデルですから，生態学者や数学者が十分に研究しているわけですね．

A　ええ．3種以上に拡張したり，捕食だけでなく競争関係も組み込んだり，現在でも生態学の分野で広く研究されています．

T　水産ではどうだったんでしょうか．

A　そうですね．田中昌一先生が「数理統計部の40年（1965年頃まで）」という文章を「月島特集号」に書かれていて（田中1988），それに「1950年代の後半になると，電子計算器が話題となり，米国では水産の研究にも利用されているという情報がIBMの名とともに入ってきた．しかし日本では電動式計算器もなかなか手に入らない状態で，電子計算器などはまだまだ高嶺の花に過ぎなかった．土井はアナログ型計算器の利用を考え，農林水産技術会議から特別の予算をもらい，これを入手した．Volterra型の種間関係の解析等が進められた」とあります．これについて当の土井長之先生が「コンピューター昔日譚」という文章を寄せています（土井1988）．引用しますと，「このような発想で私がアナコンの導入を考えたのはかれこれ30年も前の事である．農林水産技術会議に頼み込み何回か説明に行き，やっと2ヶ年計画で承認された．経費は当時で100万円ぐらいが2ヶ年来たように思うが，その頃としては高かったのではなかろうか．備品としての研究用経費で予算獲得がやや容易であった．数理統計部などはお客さんを案内する所ではなかったが，アナコン設置後は水産研究所の観光名所となり，その対応もよくやらされた」とあります．アナコンというのはアナログコンピューターの略で，私は実物を見たことがありません．卒論で初期のパソコン（当時はマイコンと読んでましたけど）を使って計算していたとき，指導教授から「あんたのコンピューターはアナログかね，デジタルかね？」と聞かれた記憶があります．

T　土井先生がロトカ・ヴォルテラをやっていたとは存じませんでした．

A　それはちゃんと論文になっています（土井1962）．この解曲線の写真を見てみると，ほとんどオシロスコープみたいな感じです．

T　使いこなすのは大変そうですね．これ以降，水産研究所ではほとんど研究されていないみたいですけど……

A　そうですね．漁獲自体が最大の捕食圧になってしまっているので，漁獲データを使ったロトカ・ヴォルテラの検証は難しいと思います．それから漁獲対象となる魚は同時に物理的な環境の影響も強く受けていることと，もともと定性的なモデルであって定量的な評価が難しいこともあると思います．下手をすると単なるお遊びになってしまいますから．その点は数学者の一松信先生も指摘されています．

T　水産資源学者のダンコナが漁獲量変動についてヴォルテラに相談したのが「きっかけ」のひとつなのに，ちょっと残念な話ですね．

A　土井先生の文章の後半に，「毎年4月の採用新人研修コース水研の部の対応は私が受け持つ習わしが有った．そこでいつも，円周率πを求める問題を例として，プログラム作成研修をやったものである」と書かれています．

T　新人研修で円周率の計算ですか？

A　この水産庁の新人研修は私も1980年に受けましたが，東海区水産研究所に行く日は確かストで中止になりました．行政職の人も半分いたので，そんなに高度な計算はしなかったのではと推測します．今ならさしずめモンテカルロ法でやるんじゃないでしょうか？

1・2 昔の教科書

T ところで戦前の水産資源解析はどんなだったのでしょうか.

A じつは私はよく知らないのです. とりあえず代表的な本を並べてみます. 相川広秋先生の本が手元に3冊あります（相川 1941, 1949, 1960）.

T 最初の本は戦争の影響からか紙質が悪いですね. 魚群体の体の字は「體」となっています. 2冊目は総論というだけあってB5判ですか. 最後のものは紙質もよく, 読みやすそうです. 内容は資源生物学と資源解析学が半々といった感じですね.

A 戦後すぐの1947年頃の状況について, 水産研究所OBの山中一郎先生が書かれた文章があります（山中 1986）. 引用すると「それで, 私は, 漁況とともに出来るだけ魚体調査も依頼し, また, 自分でも計ることにした. しかしカツオの体長は糎で, 体重は貫匁で計るという慣習が, 何だか妙であった. 一方, 相川広秋博士著, 「水産資源学」（戦前発行）という本を見付け, 読んでいるうちに, 思わず惹き入れらるような気がした. 水産研究の中に物理学的方法を取り入れるとしたらこんな所に有るのじゃないか. 私はこの本をノートに取り, 著者の扱った数式の一つ一つについて, 既知数はどれ, 未知数はどれと吟味を行い, 今集めている資料で何処まで分かるか等色々検討した. その結果, これをやるには, 完全な統計が必要だということを理解した」とあります.

T 体長がセンチで, 体重が貫や匁というのは今からはちょっと信じられないですね.

A 資源のこともストックと呼んでいますし, 時代を感じます. ここで引用されている本は相川（1941）だと思いますが, これを大幅にパワーアップしたのが相川（1949）でしょう. そこで相川（1949）を少し見てみます. P229の「第3篇 群衆体量の変動法則」ではラッセルの式

$$S = S_0 + (R + G - M) - F$$

を最初に示しています. ここでSは群衆体量, S_0はその初期値, Rは増殖による尾数の増加, Gは生長による重量の増加, Mは自然死亡による尾数の減少, Fは漁獲量です.

$$R + G - M = V$$

を自然増加量と呼んでいます.

T 今と用語や記号がかなり異なっていますし, 重量と個体数が混在しているように見えます.

A ラッセルの式は重量ベースですから, 「尾数」と書かれていると奇妙に感じますね. おそらく実際にはすべて重量に換算して解析していたのだと思います. 次に相川の式

$$S = S_0(1+r)(1+g)(1-m)(1-f)$$

を示しています. ここで, $R/S_0=r$を増殖率, $G/S_0=g$を増重率（または生長率）, $M/S_0=m$を自然死亡率, $F/S_0=f$を漁獲率としています. さらに

$$(1+r)(1+g)(1-m) = 1-v$$

として, vを自然増加率と呼んでいます.

T この式は展開すると

$$1 + r + g - m + rg - gm - mr - rgm = 1 - v$$

となるから，かなり誤差が大きくなるんじゃないでしょうか．

A　またグラハムの式として，

$$S = S_0 e^{r'+g'-m'-f'}$$

を提示していて，$1+r=e^{r'}$でr'を増殖指数，$1+g=e^{g'}$でg'を増重指数（または生長指数），$1-m=e^{m'}$でm'を自然死亡指数，$1-f=e^{f'}$でf'を漁獲指数，さらに$r'+g'-m'=y'$を自然増加指数と呼んでいます．これを率に変換したものが相川の式でしょうから，基本的にはどちらもラッセルの式を変形しただけのものです．

T　したがって最近の教科書には相川の式もグラハムの式も載っていないのですね．ところで山中先生が書かれている「完全な統計」とはどういう意味でしょうか？

A　おそらくきちんとした統計データが必要だという意味だと思います．ところで先ほど引用した「月島特集号」に海洋分野で有名な平野敏行先生が「海洋研究奮戦記」という文章を書かれています（平野1988）．その中に「その頃，増山元三郎氏の推計学，「少数例のまとめ方」などが流行っていて，第一会議室で講演会もあった．わたしには何故か難解で，とうとう最後まで信奉者にはなれなかった．お陰で，海洋学から資源学への転向の機会を失ってしまった」という部分があります．これより前の部分を読むと，当時は魚のポピュレーション・ダイナミックスが大流行で，同時にフィッシャー流の統計学も流行っていたみたいです．

T　魚の資源動態学が流行っていたなんて，とても信じがたい話ですけど．

A　当時は戦後の食糧難で，水産業や農業は国の基幹産業のひとつだったからでしょう．そういえば私の小学校の国語の教科書に，捕鯨の銛に関する力学的な話が載っていて，非常に感心した記憶があります．

T　統計学が流行っていたというのは，欧米に較べて遅れているような気がしますが？

A　どうもフィッシャー流の統計学は「データは少なくてもよい」という風に曲解されたみたいです．本当は「仮定された確率分布に従っているデータなら，少数でも確率に従った判定ができる」という意味で，データが少なければそれだけ判定が甘くなってしまいます．実験系ならデータが少なくてもOKの場合がありますが，フィールド系では少ないデータでは何も言えない場合が多いと思います．平野先生が馴染めなかったのも無理ないですね．

T　戦後でもそのような状況だったのなら，戦前はとても受け入れられなかったでしょう．目的にあった結果が得られるまで何度でも実験や調査を繰り返していたんじゃないでしょうか？

A　話は変わりますが，もうひとり有名な田内森三郎先生の本も4冊ここにあります（田内1949a，1949b，1951，1963）．

T　こちらは物理学という名前が付いているだけあって，漁具・漁法が主体のような印象を受けます．

A　田内先生は寺田寅彦の高弟だそうです．寺田寅彦が水産にも関係していたことは知っていましたか？

T　寺田寅彦は漱石の弟子で,「猫」や「三四郎」にモデルとして出てくる人でしょう．地球物理関係の仕事で日本海の模型を作り，実際に水を流して実験をしたという話を聞いたことがあります．

A　これらについては詳しく調べられていて，小山 (1991, 1998) に「三四郎」や「猫」に関する話が解説されています．これらによると寺田寅彦は相対性理論や量子力学など当時の最先端の物理を研究していたことが分かります．

T　凄いですね．

A　ところが反面，水産講習所に週1回通って実験を行っていた時期があったそうで，影山 (1996) に詳しく研究されています．

T　それはまったく知りませんでした．流体力学的な実験だったんでしょうかね．

A　この本は5人の研究者を取り上げていますが，田内先生もその中の1人です．

T　本当に偉い先生だったんですね．

A　この本に田内先生とバラノフが互いに文献を交換しあう仲で，ロシアの東独との国境にあるカリニングラード大学の教室には二人の写真が並べて掲げられているというエピソードが引用されています．

T　外国の大学の教室に写真が掲げられているというのは素晴らしいですね．

A　先ほどの平野先生の文章中にもあるのですが，当時の研究者は論文を書きまくっていて，それが国際的にも高く評価されていたようです．

T　最近の業績主義や評価主義などの比ではないですね．

A　国の基幹産業なので優秀な研究者を集めて競わせたのでしょうけど，研究者自身も戦後の日本を立て直して国際社会に認めさせようという気概に溢れていたんじゃないでしょうか．もっとも現在の業績主義や評価主義は論文の数だけ競っていて，論文の中身が伴っていないのが最大の問題でしょうけど．

1・3　黄金時代

A　ところで1950年代を水産資源学の黄金時代と呼んでいます．この時代に水産資源学の基本となる理論やモデルが揃って提出されたからです．田中先生の先ほどの文章を一部引用してみます．「1956年東京でインド太平洋漁業理事会 (IPFC) が開かれ，FAOの代表としてシドニー・ホルトが来日した．その頃彼はいわゆるベバトン・ホルトの論文を完成させ，意気軒昂たるものがあった．我々は水研の研究室その他で数回彼と会った．日本の数理資源学が戦後初めて世界の生の情報に触れる機会となった．数理に強いと自負していた我々は，いささか井の中の蛙であったことを知った．ベバトンやガーランドの名を知り，彼らの論文を読んだが，それらの中にいくつかの新しい概念が提案されていた．等量線図，資源量指数などがそれである．資源量指数の概念を田中が以西の手繰網のデータに適用してみたところ，極めてよい結果が得られた」．ちなみにこの1956年は私が生まれた年です．

T　資源量指数なんて当たり前の概念かと思っていましたが，戦後の話だったんですね．1950年代が黄金時代だったという意味が納得できました．

A　久保・吉原（1969）の第 12 章「漁獲の理論」の最初にバラノフの研究が紹介されています．バラノフの 1918 年の論文はロシア語で，モスクワで発行されたためほとんど読まれなかったそうです．1938 年に英訳が出てようやく知られるようになったみたいです．バラノフは体長による漁獲モデルを作りましたが，成長式を用いて体長を年齢に置き換えたのがベバートン・ホルトのモデルです．これも久保・吉原（1969）によると最初 1947 年に Nature に簡単な予報が載り，1953 年に要旨，1954 年に解説，1956 年に要約が出て，ようやく 1957 年に本が発行されたとのことです．したがって本が発行された時点で既にモデルはかなり知られていたようです．ですから久保・吉原（1957）にも詳しい解説が載っています．この本は本当に時代を画する教科書といえると思います．私が入省した 1980 年代前半でも，資源研究の基本は，最終的にベバートン・ホルトの等漁獲量曲線を描くことを目標にしていました．その後，新しい 2 冊の教科書（田中 1985，能勢ら 1988）が出て，一段落したように思います．

T　ところでベバートン・ホルトの理論はどこが画期的だったんでしょうか．

A　それはコホート（年級群）を生残モデルの基本に据えたことです．これによって「成長乱獲」という不合理漁獲を明確に示すことができました．それまではラッセルの式のように資源をバイオマス（生物重量）として捉えていましたから，資源変動といっても個体数の増減なのか，各個体の体重の増減なのか明確に数量化することが困難でした．生残モデルと成長モデルを分離することによって，漁獲データから明確な形で資源診断ができるようになったと言えると思います．また魚の価格は体重によって決まるので，経済的な分析もできるようになったことも重要だと思います．学生時代に長谷川彰先生の水産経済学の講義を受けたのですが，そのとき長谷川先生がベバートン・ホルトのモデルについて「これ以上モデル化すると現実から離れすぎるし，これ以上現実に合わせるとモデルとして複雑になりすぎる，というギリギリのところで成立している素晴らしいモデル」と絶賛されていたのを憶えています．要するにそれまで定性的だった漁獲モデルを，定量モデルに格上げしたわけです．

T　具体的にはどういう式だったのですか？

A　まず成長式としてベルタランフィーの成長式を採用しました．
$$l(t) = l_\infty (1 - e^{-k(t-t_0)})$$
これは体長についての式で，体重については
$$w(t) = w_\infty (1 - e^{-k(t-t_0)})^3$$
となります．

T　体長についての式はよく見かける形ですね．

A　化学反応で 1 分子反応式と呼ばれているものと同じです．林学などでは別の名前で呼ばれています．「体重の増加量＝同化量－異化量」という単純な仮定から導かれる微分方程式
$$\frac{dw}{dt} = \alpha w^{2/3} - \beta w$$
の解として得られるのですが，どういうわけか，ほとんどの水産生物の成長によく適合します．しかも定差図法を用いれば回帰直線の計算で 2 つのパラメータ k と l_∞ が求まるので，データ解析上も優れていました．

T　生残モデルの方はどんな式だったのでしょうか.
A　単純な指数関数です．微分方程式で書くと，

$$\frac{dN}{dt} = -ZN$$

$$\frac{dC}{dt} = FN$$

となります．ここで N は資源尾数，C は（累積）漁獲尾数です．Z と F は係数ですが，

$$Z = F + M$$

と分けて，Z を全減少係数，F を漁獲（死亡）係数，M を自然死亡係数と呼びます．

T　何だか単純すぎて拍子抜けしてしまいました．
A　ええ．確かにニュートン力学などを勉強してきた人はそう感じるでしょうね．この微分方程式を解くと，

$$N(t) = N_0 e^{-(F+M)t}$$

$$C(t) = N_0 \frac{F}{F+M}(1 - e^{-(F+M)t})$$

となります．後は時間を区切ってモデル化するだけです．

T　なるほど．大雑把にバイオマスの変化を見るのではなく，細かく分析していくわけですね．
A　それでバイオマスや漁獲量は，$N(t)w(t)$ や $C(t)w(t)$ の和で表されるのですが，ここでベルタランフィーの体重の式が3乗式になっているため，生残式と掛け合わせてもすべて指数関数の計算ですんでしまうところが味噌です．

T　ははあ．今なら表計算ソフトで何でも計算できますが，50年前は大変だったんですね．
A　最終的に横軸に漁獲係数 F，縦軸に漁獲開始年齢をとった平面上に等漁獲量曲線を描いて漁業診断をしたわけです．これによって漁業の現状が視覚化されて，明確に判定できるようになりました．

T　確かに画期的ですね．1950年代にはベバートン・ホルトのモデル以外にもリッカー型再生産モデルや余剰生産モデルなども出てきたみたいですけど……
A　その通りです．ベバートン・ホルトの成長生残モデルでは再生産が評価できないので，彼らは再生産式として，

$$R = \frac{\alpha S}{1 + \beta S}$$

という式を提示しました．これは産卵親魚量 S が大きくなっても，加入量 R が頭打ちになるというモデルです．

T　この式も見覚えがあります．
A　酵素の反応速度論で用いられるミハエリス・メンテンの式と同じです．一方，カナダのリッカーは，

$$R = \alpha S e^{-\beta S}$$

という再生産式を提示しました．これは S が大きくなると逆に R が小さくなるというモデルです．リッカーはサケ・マスの研究者だったので，産卵親魚量が大きくなると産卵床が荒らされて卵が死んでしまうというモデルを考えたのだと思います．両式とも生残モデル

$$\frac{dN}{dt} = -(1 + N)N$$

および

$$\frac{dN}{dt} = -(1 + S)N$$

から導くことができます．

T　生残モデルから再生産モデルを導くというのは，ちょっと意外でした．

A　余剰生産モデルは再生産モデルに似ていますが，もっと単純化して，余剰生産量を

$$P(B) = rB\left(1 - \frac{B}{K}\right)$$

とするロジスティックモデルが基本です．ここで B はバイオマスです．代表的なシェーファーモデルは微分方程式

$$\frac{dB}{dt} = rB\left(1 - \frac{B}{K}\right) - qXB$$

として記述されます．ここで q は漁獲能率，X は漁獲努力量です．

T　なるほど．微分方程式を基本とした分析的なモデルなどが考えられるようになってきたのですね．ニュートン力学的な印象を受けます．

A　これらの微分方程式に従っているという保証はどこにもないので，ニュートン力学ほど絶対的ではありませんが，おそらくこの頃から漁獲データだけでなく，成長や再生産に関する科学的なデータもそろってきたのだと思います．これらについてのデータ解析手法は，土井（1975）にまとめられています．これは残念なことに入手が難しい文献ですが，日本水産資源保護協会の月報に連載されたものをまとめたものなので，私は月報をコピーして読みました．当時の現場の研究者にはかなり活用されたと思います．パソコンが普及する10年くらい前ですから，その時点での到達点だったのではないでしょうか．

T　最近はパソコンが家電製品として日常生活で当たり前のものになり，計算ソフトも手軽に扱えるようになってきましたが，資源解析モデルやデータ解析手法は1950年代からあまり進歩していないように思います．

A　そうですね．本質的には変わってないですね．10年くらい前に「これからは YPR じゃなくて SPR だ」と言っていた先生がいましたが，じつは SPR を最初に提唱したのは土井先生です（土井 1973）．

T　SPR って，てっきり外国の研究者が最初に提唱したのかと思っていました．

A　代表的な教科書である能勢ら（1988）にも図入りでちゃんと引用されているのに，外国の文献ばかり引用して SPR を宣伝するというのは，ちょっとどうかな，と思います．

T　「灯台もと暗し」だったんでしょうかね．

A　ところで「オイラーの無限解析」の第6章「指数量と対数」の例3に,「洪水の後, 6人の人間から始まって人類が繁栄したとして, 200年後にはすでに1,000,000人に達したとしよう. この場合, 人口は毎年どの程度の割合で増加していかなければならないのであろうか.」という問題があります（Eulero 1748）.

T　この後の第8章には127桁の円周率の値とともに例のオイラーの公式が提示されていますね. 何だかすごいギャップを感じます.

A　まぁ, あのオイラーにしても人口や個体数の動態にはこの程度のことしか書けなかったのだから, 資源解析の難しさが分かりますね.

1・4　系群って何?

T　ところで資源評価の対象は系群とのことですが, 系群って何ですか？

A　資源変動の単位とされる種内群のことで, 最近ではstockと訳されています. それではstockとは何か, という話になるのですが, 相川（1949）のp4の脚注に,「stock, der Bestand　田内森三郎（1936）はこれを魚群体と呼んだ」とあります. これに対して相川先生は「群衆体と呼ぶことを提議」しています.

T　一般にstockは資源と訳されていますね.

A　じつは系群は久保先生が1951年に作った水産だけで通じる専門用語で, 個体群に近い概念であるため, 少し前まではsub-populationと訳されていました.

T　科学の専門用語は外国語を和訳したものが多いのに, 先に日本語で作ってしまうとは凄いですね.

A　1930年代に種内個体群を種族, 系統群, ストックなどと呼んでいましたが, 久保先生はそれを「系群」に統一して資源研究の単位にしようと提案したのだそうです. これに関しては, 中坊徹次先生が詳しく解説されているので参照して下さい（中坊2003）.

T　うーん. 難しそうですが, とても面白そうな話ですね. 先生も「誤解」していたと書かれていますけど.

A　まぁ, それは赤嶺（1992）を読んでみて判断してください. 系群もそうですが, 種（species）自体も便宜的にしか定義できません. 学生時代に農学部の授業で「種は存在する. それ以外の分類群は人為的なものである」と習って,「なるほど」と納得した記憶があります. しかし, その後で種も絶対的なものではないと気づきました. 有名な「ハゲ山の定理」はご存じですか.

T　何ですか, それは？

A　すべての山はハゲ山であるという定理です. 木が1本しか生えていない山はハゲ山ですね.

T　そうです.

A　木がn本生えている山がハゲ山なら, $n+1$本生えている山もハゲ山です. したがって数学的帰納法によって, すべての山はハゲ山であることが証明されました.

T　うーん. 確かにそうなりますね.

A　似たような話で, 山や海岸線の定義をどうするか, というような問題もあります. ところで久保先生は当時の主要水産資源について, 2冊の各論（久保1961, 1966）を書かれています.

T 凄い分量ですね．

A 久保・吉原（1969）のあとがきに「久保教授は教授会の席上永年の持病のため突然逝去された」とあります．

T それは非常に残念な話です．相当に無理をされていたのでしょうか．

A 私は会ったことがないので，よく存じません．ただし個人的な憶い出はあります．私は日本海区水産研究所に就職してから10年間，イタヤガイのプロジェクト研究に従事していました．1980年代の前半，山陰沖の現場から送られてきたイタヤガイを測定していたところ，かなりの頻度でカクレエビが見つかりました．ほとんどは普通のカクレエビでしたが，他に2種いました．室長に久保先生の文献を見てみるように言われ調べたところ，2種とも既に久保先生が記載していました．ですから私にとっての久保先生はエビ分類の大先生なのです．

T エビの分類と，資源生物学と，資源解析学ですか．昔の先生は本当に守備範囲が広かったのですね．

2. 連立方程式の解法

　**T君**　水産資源学における 1950 年代の黄金時代とそれに続く 1970 年代頃までの状況はだいたい分かりましたが，それ以降はどうだったんでしょうか．

　A先生　水産資源学の流れは赤嶺・平松（2003）を参考にしてください．これは日本水産学会誌に載った論文についてだけの解説ですが，概略はつかめると思います．一般的な話は退屈でしょうから，ここからは私が扱った具体的な研究テーマを話しましょう．私が大学を卒業して水産研究所に就職したのはちょうど 1980 年です．大学に入学した 1975 年頃には関数電卓が買えるようになっていて，卒業時にはプログラム電卓を購入しました．今でも普通の電卓として使っています．

T　アポロが月に行ったのは 1969 年ですね．アポロ計画の副産物が電卓だと聞いたことがあります．僕が生まれる遙か昔ですけど．

A　卒論では私費で購入した日立の「ベーシックマスターレベル 2」というパソコン（当時はマイコンと呼んでいました）を使用しました．メモリーは少なかったですけど，専用のテレビ画面で最初から BASIC が使えました．教養学部時代に FORTRAN の授業を受けていたので，BASIC は楽でしたね．

2・1　サケの回帰率の推定

T　卒論で BASIC をどのように使ったのですか．

A　シロザケを担当したので東北地方に仲間とサンプリングに 3 回くらい行きました．なかなか楽しかったです．例年はそのデータを「共分散分析」で解析するのですが，私がパソコンを使えるというので，シロザケの回帰率の計算をテーマとして与えられました．

T　シロザケは 4 年後に戻ってくるから，回帰尾数を 4 年前の放流尾数で割ればいいんじゃないですか？

A　ええ．でも実際には 2〜5 歳で帰ってくるので，推定精度を向上させようという話です．すべての回帰魚の年齢査定をすれば OK ですが，それは無理なので，平均値を使って求めようということでした．

T　データ解析としては，それほど難しくないように思えますけど．

A　そうですね．既に反復法による解法は得られていたのですけど（能勢ら 1979），最初からきちんとモデル化してみることにしました．i 年度における放流尾数を E_i とおき，回帰尾数を R_i とおきます．

T　通常の回帰率は $r_i = R_{i+4}/E_i$ で計算しますね．

A　ええ．それで i 年度に放流された年級群の総回帰尾数を C_i とおき，この年級群において k 年

後に回帰する比率を tk_i とおきます．

T　そうすると，
$$\sum_{k=2}^{5} tk_i = 1$$
ですね．

A　そうです．シロザケでは一般に $t4_i > t3_i > t2_i, t5_i$ となります．求める真の回帰率は $u_i = C_i/E_i$ ですから，R_i のデータから C_i を推定する問題です．前年度はこの方程式をいきなり反復法で解いていたのですが，それだと解の性質が分かりづらいので，きちんと連立方程式を作りました．17行×17列の行列についてパソコンで解いたところ，トンデモナイ値が出ました．

T　データの入力ミスですか？

A　いえいえ，データは正しかったのです．ここで検討してみましょう．問題を簡略化して $t4_i$ と $t3_i$ だけで考えてみます．R_i と C_i の関係はどうなりますか？

T　簡単です．
$$R_{i+4} = t3_{i+1} C_{i+1} + t4_i C_i$$
となります．

A　これから連立方程式のモデルを作ってみてください．

T　えーと，とりあえず3年分だと

$$\begin{pmatrix} R_5 \\ R_6 \\ R_7 \end{pmatrix} = \begin{pmatrix} t4_1 & t3_2 & & \\ & t4_2 & t3_3 & \\ & & t4_3 & t3_4 \end{pmatrix} \begin{pmatrix} C_1 \\ C_2 \\ C_3 \\ C_4 \end{pmatrix}$$

となります．

A　このままでは未知数の方が方程式よりも多いので解けませんね．方程式を1つ足し，$t4_i$ と $t3_i$ の値をそれぞれ一定としてみます．次の2つの方程式を解いてみてください．

$$\begin{pmatrix} R'_4 \\ R_5 \\ R_6 \\ R_7 \end{pmatrix} = \begin{pmatrix} t3 & & & \\ t4 & t3 & & \\ & t4 & t3 & \\ & & t4 & t3 \end{pmatrix} \begin{pmatrix} C_1 \\ C_2 \\ C_3 \\ C_4 \end{pmatrix} \quad （\text{a式}）$$

および

$$\begin{pmatrix} R_5 \\ R_6 \\ R_7 \\ R'_8 \end{pmatrix} = \begin{pmatrix} t4 & t3 & & \\ & t4 & t3 & \\ & & t4 & t3 \\ & & & t4 \end{pmatrix} \begin{pmatrix} C_1 \\ C_2 \\ C_3 \\ C_4 \end{pmatrix} \quad （\text{b式}）$$

です．

T なるほど．R_4' または R_8' をパラメータとして追加したわけですね．
A ええ．自由度が1つ増えますから，解は自由度1の領域内を動けます．最初に（a式）を解いてみてください．

2・2 良条件と悪条件

T それでは $p=t4/t3>1$ とおいて

$$\mathbf{A} = \begin{pmatrix} t3 & & & \\ t4 & t3 & & \\ & t4 & t3 & \\ & & t4 & t3 \end{pmatrix} = t3 \begin{pmatrix} 1 & & & \\ p & 1 & & \\ & p & 1 & \\ & & p & 1 \end{pmatrix}$$

の逆行列を求めてみます．「掃き出し法」で解いてみると……，

$$\mathbf{A}^{-1} = \frac{1}{t3} \begin{pmatrix} 1 & & & \\ -p & 1 & & \\ p^2 & -p & 1 & \\ -p^3 & p^2 & -p & 1 \end{pmatrix}$$

となります．うーん．行列を大きくしていくと，左下の成分の絶対値がどんどん大きくなりますね．

A ええ．大きな数字から大きな数字を引くような計算になってしまって，非現実的な解が得られます．

T なるほど．

A 2直線の交点を求める連立1次方程式を考えてみます．数学的には2直線が平行でなければ必ず解けます．ところが平行に近い場合は，データの値が少し変化しただけで解が大きく異なってしまいます．これを「悪条件」の場合と呼びます．これと逆に2直線が直交に近い場合は非常に安定した精度の高い解が得られます．これは「良条件」の場合で，このとき係数行列は対角成分が他の成分よりも大きくなります．

T つまり数値解析上は良条件であること，つまり対角成分が大きいことが重要になるわけですね．

A ええ．このことは教養学部時代に習っていたので，すぐに気がつきました．それでは今度は（b式）を解いてみてください．

T はい．$q=t3/t4<1$ とおいて

$$\mathbf{B} = \begin{pmatrix} t4 & t3 & & \\ & t4 & t3 & \\ & & t4 & t3 \\ & & & t4 \end{pmatrix} = t4 \begin{pmatrix} 1 & q & & \\ & 1 & q & \\ & & 1 & q \\ & & & 1 \end{pmatrix}$$

を同様に解いてみると，$\mathbf{A}$ と $\mathbf{B}$ は対称なので，

$$\mathbf{B}^{-1} = \frac{1}{t4}\begin{pmatrix} 1 & -q & q^2 & -q^3 \\ & 1 & -q & q^2 \\ & & 1 & -q \\ & & & 1 \end{pmatrix}$$

となります．今度は右上の方に行くほど絶対値が小さくなります．これはうまく解けそうですね．

A　ええ．ですから係数行列の対角成分には4歳魚の回帰率を入れないと駄目だったのです．具体的には17行×17列の行列において，実際の$t2_i$～$t5_i$の値を代入し，「ガウスの消去法」をBASICで作って計算しました（能勢ら1980，赤嶺ら1982）．

T　ははあ．ところでガウスの消去法ってどんな方法ですか？　線型代数で習った「掃き出し法」しか知らないのですけど．

A　掃き出し法は行列の基本操作を用いて係数行列を対角行列に変形する方法ですが，ガウスの消去法は上三角行列に変形します．この方が操作数が少なくて合理的です．さらに上手に使うとメモリーが半分で済みます．当時はメモリーが少なかったので，このような工夫も必要でした．結局，メモリーぎりぎりだったように記憶しています．

T　今とは違った苦労があったのですね．

A　ともあれ数学と数値解析の違いを実感できたのは，大きな収穫でした．

T　それで推定精度は向上したのですか．

A　理論上はそうなるのですが，実際のデータはバラツキが大きすぎて駄目でした．特に3歳魚の方が4歳魚よりも多く回帰している部分で誤差が大きくなりました．

T　そうでしょうね．

A　現実的には年齢査定を徹底的に行って，次のようにして解く方が妥当だと思います．

$$\begin{pmatrix} C_1 \\ C_2 \\ C_3 \end{pmatrix} = \begin{pmatrix} s3_4 & s4_5 & & \\ & s3_5 & s4_6 & \\ & & s3_6 & s4_7 \end{pmatrix} \begin{pmatrix} R_4 \\ R_5 \\ R_6 \\ R_7 \end{pmatrix}$$

ここでsk_iはi年度における回帰魚の年齢組成で，

$$\sum_k sk_i = 1$$

です．

T　なるほど．

A　後日談になりますが，このモデルは銘柄組成データから年齢組成を推定する場合にも関係します．また漁獲尾数から資源尾数を推定するVPA（コホート解析）と構造がよく似ています．そんなわけで12月には卒論が片づいてしまったので，教授に報告したら，共分散分析を用いたシロザケのデータ解析もやる羽目になってしまい，3月末までかかってしまいました．

T　それはやぶ蛇でしたね．

A このとき共分散分析の勉強のために応用統計ハンドブック（奥野ら 1978）を購入したのですが，いい勉強になりました．

3. 混合正規分布

A先生 卒論を書き上げて1週間もしないうちに新潟に赴任して，水産庁日本海区水産研究所（日水研）の浅海開発部第3研究室に配属となりました．

T君 そこで10年間イタヤガイのプロジェクト研究を担当したんですね．

A ええ．室長と一緒に調査船みずほ丸に乗って山陰沖でイタヤガイのベリジャー幼生を採集したり，底曳き網でベントスを採集したりしました．最初に「車の普通免許と，小型船舶4級の免許と，潜水士の免許をとるように」と言われたので，完全にフィールドワーカーでした．

T ははあ．その調査で得られたサンプルの測定データを解析するために，いろんなBASICプログラムを作成したんですか．

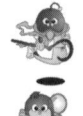

A ところがそうでもないんです．1年ほど顕微鏡を覗いてイタヤガイの幼生を識別して計数していましたが，かなり視力が落ちてしまいました．そこで幼生の抽出はアルバイトの女性2人に任せて，以後はイタヤガイやベントスの測定に専念しました．ベントス群集の構造や機能を解析しようとしたのですが，この方面は底が深くて，ちょっとやそっとではものにならないことが分かってきました．それで空いた時間をみつけてBASICでプログラムを作り始めたわけです．

3・1 ガウス・ザイデル法

T 必要に迫られてとか，人から頼まれてとかいうわけではなかったんですね．

A ええ．当時の水産資源学のテーマを見渡して一番難しそうな問題を探しました．それが体長組成を年齢別の正規分布に分解する問題，つまり混合正規分布のパラメータ推定だったのです．

T なるほど．でもその問題は Hasselblad (1966) が既に解いていたんでしょう．

A ええ．それを知って一度は諦めました．でも高級な算法を使った大型計算機用のプログラムだと勘違いしてしまったので，BASICで誰でも簡単に使えるプログラムを作ろうと思ったのです．

T 勘違いが生みの親だったのですか．

A その通りです．その当時，水産研究所や県の水産試験場の人たちは田中 (1956) の方法を使っていました．これは体長組成の対数値に透明な紙に描いた放物線を当てはめていく方法です．他に正規確率紙を用いた Harding (1949) の方法（Cassie の方法）も使われていたようです．

T 1980年頃でもそういう状況だったのですね．

A 資源部の加藤史彦先輩のところに行って聞いたら「かなり面倒くさい」という話だったので，「それだったら私が簡単なプログラムを作ってあげます」ということになりました．

T なるほど．需要はあったんですね．

A 体長組成のヒストグラムを $H^*(x)$ とおき，理論的な体長分布を正規分布の1次結合

$$F(x) = \sum_{i=1}^{n} K_i N(x, \mu_i, \sigma_i^2)$$

として，目的関数を残差平方和

$$Y = \sum_{j=1}^{m} \left(H^*(x_j) - F(x_j) \right)^2$$

としました．この最小値をガウス・ザイデル法で求めたわけです．パラメータは K_i, μ_i, σ_i の $3n$ 個です．田中（1956）のキダイのデータを使用したので $n=5$，つまり全部で15個のパラメータを同時推定しました．

T ガウス・ザイデル法って具体的にどういう方法ですか？

A 1変数のニュートン法を順番にすべてのパラメータで行う方法で，単純ですがほとんどの非線型モデルで収束する基本的な方法です．最初，ガウスは変化量の一番大きなパラメータを選択して修正する方法で計算したみたいですが，それだとかえって収束が悪くなります．順番にすべてのパラメータを修正するのが味噌です．

T ガウスは何のデータに使用したのですか？

A 当時の科学の中心は天文学でしたから，小惑星の軌道計算に最小2乗法を適用する際に用いました．これによって小惑星の軌道を少数のデータから極めて正確に予測できたので，ガウスの名前はヨーロッパ中に広まりました．ただし最小2乗法について公表しなかったため，後にルジャンドルとの先取権争いが生じました．

T ガウスの家訓は「実，少なけれど熟せり」だったそうで，非常に多くの成果を得ていたにもかかわらず，ほとんど公表しなかったと聞いています．

A 有名な高木貞治先生の近世数学史談（高木1970）などを読むと，ガウスは先取権にはほとんど拘泥しなかったみたいな印象を受けるのですが，実際にはそうでもなかったみたいで，安藤洋美先生の本（安藤1995）に詳しく解説されています．

T ははあ．最後はラプラスが極めて公平に裁定したんですね．

A ところでニュートン法はOKですか？ $f(\theta)=0$ を求める場合は？

T えーと．グラフを描くと……

A テイラー展開，というか1次近似してみてください．

T 簡単です．

$$f(\theta) = f(\theta_0) + f'(\theta_0)(\theta - \theta_0)$$

です．

A これに $f(\theta)=0$ を代入すると，

$$f'(\theta_0)(\theta - \theta_0) = -f(\theta_0) \qquad \text{（a式）}$$

となりますが，これがニュートン法です．

T なるほど．θ_0 が初期値で，

$$\theta = \theta_0 - \frac{f(\theta_0)}{f'(\theta_0)}$$

が新しい推定値ですね．

A これを反復すればいいわけです．ニュートン法は1変数の場合，非常に収束が速く，高精度の解を得ることができますから，数値計算の基本です．先ほどの目的関数の最小値を求めるための必要条件はどうなりますか？

T もちろん

$$\frac{\partial Y}{\partial \theta_1} = \frac{\partial Y}{\partial \theta_2} = \cdots = \frac{\partial Y}{\partial \theta_n} = 0$$

です．

A したがって

$$f_i = \frac{\partial Y}{\partial \theta_i}$$

とおけば，ニュートン法が適用できます．

T これを各パラメータに順番に適用するのが，ガウス・ザイデル法ですね．

A その通りです．一方，先ほどの（a式）をそのまま拡張すると，多変数のニュートン法

$$\mathbf{H}\Delta\theta = -\mathbf{f}$$

になります．ここで

$$\mathbf{H} = \left(\frac{\partial f_i}{\partial \theta_j}\right) = \left(\frac{\partial^2 Y}{\partial \theta_i \partial \theta_j}\right)$$

は係数行列ですが，ヘッセ行列（ヘシアン）と呼ばれています．

$$\Delta\theta = (\theta - \theta_0)$$

は修正ベクトル，

$$-\mathbf{f} = -(f_i) = -\left(\frac{\partial Y}{\partial \theta_i}\right)$$

は最急降下ベクトルです．

T この連立1次方程式を解くわけですね．

A ええ．卒論で用いたガウスの消去法を適用しました．専門的にはピボット選択や，連立方程式を用いない高精度の方法もあるみたいですが（中川・小柳 1982），単純な方法で十分だと思います．ただし，多変数のニュートン法は収束域が非常に狭いため，このままでは使い物になりません．

T それは残念ですね．

A 話をもとに戻すと，混合正規分布については赤嶺（1982）にまとめました．

T BASIC プログラムに関する論文というのは，水産では珍しかったんじゃないですか？

A ええ．これより前に加藤さんが標識再捕法のジョリー・セーバー法のプログラム（ヒューレットパッカード社のミニFORTRAN）を研究報告に載せていたので，すんなり通りました．論文中の図も加藤さんがXYプロッターで描いてくれました（図3・1）．

T 結局，一番難しいと思った問題をあっさり解いてしまったわけですか．

A ええ．でもじつはこれで終わらなかったんです．そもそも混合正規分布の名称も，当時は複合

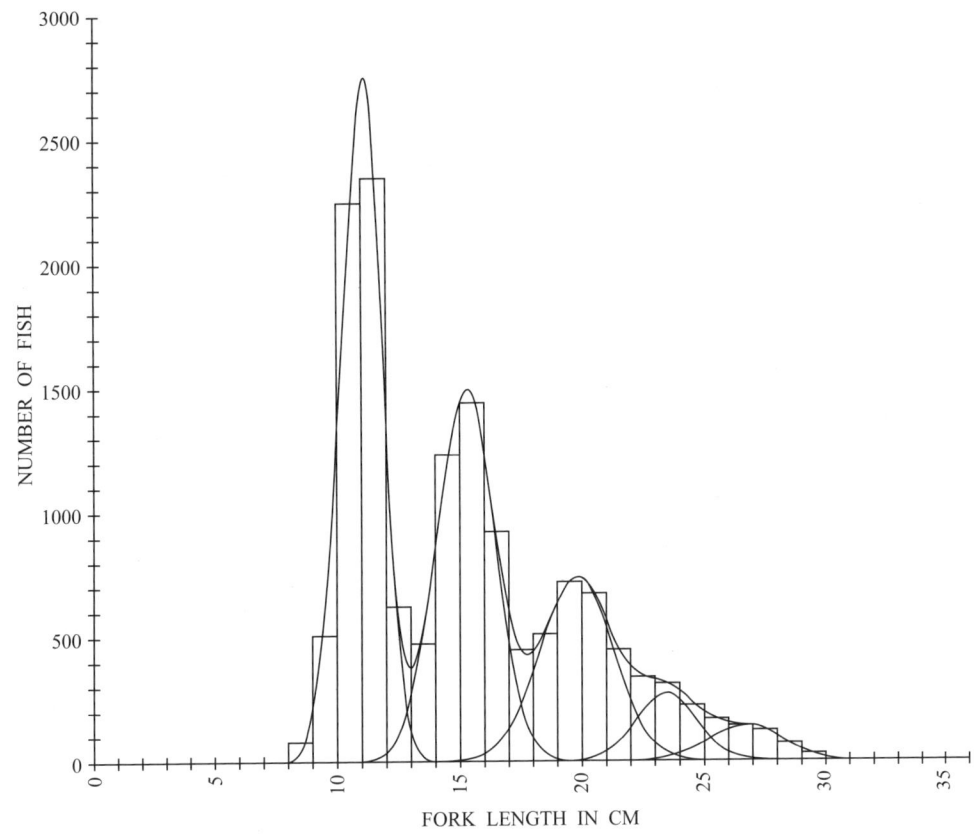

図3・1 キダイの体長組成分解（赤嶺1982より）

正規分布とか多重正規分布とか呼んでいて定まっていませんでした．またガウス・ザイデル法も学生時代に連立1次方程式の解法として名前は知っていましたが，アイデアは同じでもまったく違う手法だと思っていました．ですから論文中にも算法は「1次近似と最小2乗法である」と書いてしまっています．

T とりあえず，解くことに集中したわけですね．

A そうです．じつは日水研報のこの号にはもうひとつベントスの群集分けの論文を載せていて，本当はそっちがメインで，このプログラムと卒論はオマケでした．オマケで載せたプログラムだけが評判になってしまった次第です．

T よくある話のような……

3・2 マルカール法

A そのうち広島の南西海区水産研究所（現 瀬戸内海水産研究所）の石岡清英先輩から「解の近くで収束が遅い．200回くらい反復してもまだ動いている」という指摘がありました．「それでは収束を速めましょう」とマルカール法に改良したのが，赤嶺(1984)です．実際の論文はMarquardtの綴りの2つ目のrを1と誤っています．綴りのミスに気がついて所長に報告した

ら「そりゃ，君，先方に失礼だよ」と叱られました．
T 内容はガウス・ザイデル法をマルカール法に改良しただけなんですね．間に2年もかかっていますけど？
A じつは前年に提出したのに，当時の日水研は研究者が20名くらいで論文が集まらなかったため，発行が翌年まで延びてしまったのです．編集者に文句を言いに行ったら「背表紙が書けないうちは駄目」と追い返されてしまいました．それでも田中（1985）にこの2つの論文が引用されて嬉しかったです．ハッセルブラッド法は最尤法で，論理的には最小2乗法よりも優れていますが，悪条件のデータに関しては最小2乗法の方が頑健な場合があるため，引用してくれたのだと思います．
T なるほど．最尤法でなかったので，逆に引用してもらえたわけですね．
A ついでに言うと，マルカール法をいきなり混合正規分布に適用したわけではなくて，最初はロジスティック曲線に適用してみました．そうしたら一部のパラメータしか動かなくて，まともに収束しませんでした．丸半日悩みましたが，パラメータのスケーリングが必要であることに気づきました．
T スケーリングって何ですか？
A パラメータの尺度調整です．マルカール法の前半は最急降下法で，最急降下ベクトルに沿って目的関数の最小値に向かうわけですが，スケーリングによって向きが変化してしまいます．使用したロジスティック曲線は魚の成長式

$$l(t) = \frac{l_\infty}{1+e^{-k(t-c)}}$$

でしたので，パラメータ l_∞ の値が他のパラメータ k と c の値に較べて大きすぎました．それで3つのパラメータの大きさがすべて1になるようにスケーリングしたところ，うまく収束しました．
T そもそもマルカール法をどうして知ったのですか？
A アメリカに留学した人が情報を仕入れてきたのですが，じつは卒業前に買った Draper & Smith（1966）の訳本に簡単な解説がありました．この本にはスケーリングのことを書いてなかったので分からなかったのです．ついでに言うと，マルカールという発音も，伊理正夫先生の本（伊理 1981）を読むまで知りませんでした．この本もスケーリングには触れていません．スケーリングしなくても OK なモデルしか扱っていないからです．
T 結局，マルカールのオリジナル論文は読まなかったのですね．
A ええ．完全に理解したつもりだったんです．2年後に論文を取り寄せたところ，マルカールはもっとスマートなスケーリングをしていました．
T どんな方法ですか？ ちょっと思いつきませんけど．
A 係数行列の対角成分をすべて1にするスケーリングで，共分散行列から相関行列を作る操作と同じです．このスケーリングの方が若干ですが収束が速くなります．
T なるほど！ そんな方法がありましたか．
A マルカール法は多変数のニュートン法を

$$(\mathbf{H} + \lambda \mathbf{I})\Delta\theta = -\mathbf{f}$$

という形に拡張したものです．ここで $\mathbf{I}$ は単位行列，λ は調整因子と呼ばれるもので，最初は大きくとって，収束するに従って小さくしていきます．

T ははあ．サケの回帰率のところで係数行列の対角成分が大きな場合が良条件という話がありましたが，マルカール法では強制的に対角成分を大きくしてしまうんですね．強引ですが，合理的ですね．

A 係数行列の対角成分の大きさは成分ごとに異なりますから，これに同じ大きさの λ を足しても効果はマチマチです．マルカールは対角成分の大きさを 1 にそろえて λ を足したので，すべてのパラメータで同じ効果が得られたわけです．

T 公平さが大切だったんですね．

A ところがよく考えてみると，1 に λ を足すことは $1+\lambda$ 倍することと同じです．ですからスケーリングして対角成分に λ を足して，また最後にもとの大きさに戻す，という面倒な操作をしなくても，単に対角成分を $1+\lambda$ 倍してやるだけで OK だったんです．

T それは，ちょっと拍子抜けしました．

A 行列表現には対角成分だけの掛け算はありませんから，

$$(\mathbf{H} + \lambda \mathbf{D})\Delta\theta = -\mathbf{f}, \qquad \mathbf{D} = \mathrm{diag}\mathbf{H}$$

と書かなくてはなりません．$\mathbf{D}$ は $\mathbf{H}$ と対角成分だけ等しくて，他の成分は 0 という行列です．そもそも対角成分を大きくするというのが基本のアイデアですから，足すよりも掛ける方が自然なわけです．

T やはりオリジナル論文は大切ということですね．

A それで前半は λ が大きいため，$\lambda\Delta\theta=-\mathbf{f}$ となるから最急降下法であると言われていますが，実際には $\lambda\mathbf{D}\Delta\theta=-\mathbf{f}$ とスケーリングしているので，これは「ヤコビ法」になります．後半は λ が小さくなるので多変数のニュートン法に近づきます．

T ヤコビ法とはどういう算法ですか？

A 1 変数のニュートン法を全部のパラメータで同時に行う方法です．ガウス・ザイデル法の欠点は計算量が多くて時間がかかることですが，ヤコビ法に変更すると計算量が大幅に節約できる反面，収束が悪くなります．ヤコビ自身や固有値を求めるヤコビ法は有名ですが，最適化法におけるヤコビ法はあまり有名でないので，当時は私も名称を知りませんでした．ですから Akamine (1987) ではガウス・ザイデル法の variation と呼んでいます．

T なるほど．

A それから λ の調節方法ですが，非線型性の強さで調整するような方法もありますが，そんな面倒なことをしなくて単純に 2 倍または 1/2 倍する方が計算量が少なくて，結果的に速く収束するというのもマルカールのアイデアです．

T 何だか数値計算の極意は，難しいことは避けて，とりあえず単純作業でやってみる，ということみたいですね．

A そうですね．汎用的なマルカール法は係数行列を差分近似などで求めているのですが，そうすると誤差が大きくなって収束域が狭くなる危険性があったため，係数行列は微分式を求めて正確

に計算しました．BASIC ですから使用者がモデルごとに書きかえればよいと判断したわけです．

T でも他人が作ったプログラムを書きかえるのは，そんなに簡単ではないですよ．

3・3 最尤法

A それでパラメータ推定は最小2乗法ですべて OK と思っていたところ，回帰曲線はそれでいいのですが，混合正規分布は残差の分散が一定ではないのでまずいということに気がついてきました．その頃，BASIC 数学という雑誌に安藤洋美先生が共著で「ピアソンとフィッシャーの喧嘩物語」という連載をされていて，その中でフィッシャーが最尤法を基本に据えたという部分を読んで，この場合には最尤法の方が適切だと気づきました．この連載の一部は安藤（1989）にまとめられています．

T 最尤法までずいぶんと回り道でしたね．

A ところが点推定はそれでいいのですが，区間推定の方法が分かりません．最小2乗法についてはドレーパー・スミスに F 検定の式が載っていたので OK でしたけど．ちょうどその頃，日水研で開催された会議に東京大学海洋研究所の田中昌一先生がいらっしゃったので，懇親会の席で聞いたところ「それは尤度比検定で大丈夫でしょう」と即答されました．

T さすがですね．

A じつは同じ頃，新数学事典（一松ら 1979）の確率・統計の部分を読んでいたのですが，田中先生から解答をいただいたすぐ後に尤度比検定の部分に出くわしました．

T ぴったしのタイミングでしたね．

A その先の部分に赤池の情報量規準（AIC）についての説明があり，それが私が AIC について知った最初でした．

T 1980 年代の前半だったわけですか．

A それで最尤法に話を戻しますと，$H(x)$ を相対度数として，目的関数は対数尤度関数

$$Y = \sum_{j=1}^{m} H(x_j) \ln G(x_j), \qquad \sum_{j=1}^{m} H(x_j) = 1$$

となります．ただし $G(x)$ は確率密度関数

$$G(x) = \sum_{i=1}^{n} p_i N(x, \mu_i, \sigma_i^2), \qquad \sum_{i=1}^{n} p_i = 1$$

です．

T うーん．対数が出てきましたし，混合率 p についての制限条件も加わって，かなり難しくなったように見えます．

A 実際，かなり収束が悪くなります．係数行列の計算で2次微分項までちゃんと行う必要がありました．もっとも，最小2乗法の解を初期値に用いる場合には2次微分項を無視しても OK でしたけど．制限条件にしても，実際には無視しても無事に収束しました．この場合，制限条件が $\sum p_i = k$（k は任意）となってしまうため，数学的には駄目ですが，計算上は一定の k の値に収束し，

k の値がどんどん大きくなることはありませんでした.

T 案ずるより産むが易し, でしょうか.

A ですから, プログラム自体は最小2乗法のものを少し変形するだけでOKでしたが, 論文にする際にはきちんと最初から定式化して, 最尤法, 最小2乗法, 重みづけ最小2乗法, 対数値をとった最小2乗法, などと合計6種類の目的関数を比較しました (赤嶺 1985a).

T 急にページ数が増えましたね.

A 同じような論文を何度も書くのはカッコ悪かったので, これで決着をつけたつもりでしたが, そう甘くなかったですね.

T ということは, まだまだ続いたのですか?

A ええ. プログラムはほぼ完成したのですが, 付随する問題がなかなか決着しなかったのです. 論文をほとんど書き上げた段階で, 念のためハッセルブラッド法を作って試してみたところ, プログラムとしてはほとんど互角であることが分かって, 非常にあわてました.

T それは何とも間抜けな話ですね. どうしてもっと前に比較しなかったんですか.

A ハッセルブラッド法は収束が遅いという評判を聞いていたからです. 確かにきれいに収束するには500回以上の反復が必要です. しかし1回の計算量が少ないので, 決して遅くないのです. 反対にマルカール法は10数回で収束しますが, 1回の計算量が多いので, トータルの時間はハッセルブラッド法と大差ないことが分かりました.

T それは一大事ですね.

A ここでも自分できちんと確認することが大切, という教訓が痛感されますね. 他人事ではありませんけど. ただしオリジナル論文にも本人が自分の方法を「一般化最急降下法」と書いているのですが, 実際はまったく別物でした. 最急降下法は混合正規分布のようなモデルにはほとんど使い物にならないのです. それで困ってしまったのですが, マルカール法は通常の最適化法にも使える汎用的手法であること, 収束判定も自動的に行うこと, ヘッセ行列の逆行列やその固有ベクトルを用いて誤差解析を行ったこと, 魚類の体長組成解析に特有の問題点についても議論していること, などの理由によって論文を一部手直しして印刷しました.

T 確かに, マルカール法のプログラムを最尤法に適用した, というだけでは水産資源学の論文としては弱いですもんね.

A それで数値計算については一段落したので, 赤嶺 (1985b) にまとめました.

T ところで魚類の体長組成解析に特有の問題点としては, どんなものがありますか?

A 高齢魚のデータほど少なくなるので, 高齢部分についての推定精度が悪くなりますし, 簡単にデータ数を増やすことができません. したがって高齢部分については注意が必要です. また若齢部分については漁獲選択性のため採集効率が悪く, 左端が切れた分布となることがあります. このようなデータには最尤法は適用できないので, ダミーデータを加えて, 最小2乗法系の目的関数を用いることになります. モードが明瞭に区別できる部分の推定精度は高いのですが, モードが不明瞭な部分では推定精度が悪くなります. 一部のパラメータを固定したり, 成長モデルと組み合わせたりする手法も考えられますが, 後者についてはパラメータ数が増加したり, 成長に関する大きな仮定が含まれたりするので注意が必要です.

T　なるほど．いろいろ大変ですね．
A　その後，AIC について赤嶺（1987）に解説しました．混合正規分布についての残務整理としては，アルゴリズムの比較について Akamine（1987）に，ヒストグラムによる誤差について Akamine（1988a）にまとめました．後者は誤差伝播則についての話です．
T　どうして英文にしたのですか．
A　これより少し前にアフリカ在住の研究者から文献依頼の葉書が来て，それに「英文で書いてくれ．ここの大学には日本語を読める人がいないから」と書いてあったからです．

3・4　ハッセルブラッド法

T　以上で混合正規分布の話は終わりでしょうか．
A　マルカール法の話は終わりですが，ハッセルブラッド法の方がなかなか片づきませんでした．
T　と言いますと？
A　1970 年代に田中の方法のようなグラフを用いた方法ではなくて，計算機を用いた反復法でより精度の高い方法を開発しようという動きがあったらしくて，真子・松宮（1977）の方法や Kimura & Chikuni（1987）の方法が開発されました．
T　それは存じませんでした．
A　日水研に入ってすぐの頃に加藤さんから真子・松宮の方法について質問されたのですが，分散分析に似た方法だということ以外はよく分かりませんでした．マルカール法が一段落したので，再検討したところハッセルブラッド法とまったく同一であることが分かりました．さらに Kimura & Chikuni の方法も同一であることが判明しました．
T　うーん．何とも変な話ですね．ハッセルブラッド法は既に知られていたんでしょう．
A　私も含め，誰もハッセルブラッド法を正しく理解していなかったということでしょう．それではここでハッセルブラッド法を導いてみましょうか．まず目的関数を平均で微分して 0 とおいてください．正規分布は

$$g_i(x) = N(x, \mu_i, \sigma_i^2) = \frac{1}{\sqrt{2\pi\sigma_i^2}} \exp\left[-\frac{1}{2}\frac{(x-\mu_i)^2}{\sigma_i^2}\right]$$

です．

T　では，頑張ってやってみます．

$$\frac{\partial Y}{\partial \mu_i} = \sum_x \frac{H(x)}{G(x)} \frac{\partial g_i}{\partial \mu_i} = \sum_x \frac{H(x)g_i(x)}{G(x)} \frac{x-\mu_i}{\sigma_i^2} = 0$$

となるので，

$$\mu_i \sum_x h_i(x) = \sum_x h_i(x)x, \quad h_i(x) = \frac{H(x)g_i(x)}{G(x)}$$

です．

A 正解です．ハッセルブラッドはこれから，

$$\mu_i^{\text{new}} = \left(\frac{\sum h_i(x)x}{\sum h_i(x)}\right)^{\text{old}}$$

という反復式を導きました．分散についても同様に計算すると，

$$\sigma_i^{2\text{new}} = \left(\frac{\sum h_i(x)(x-\mu_i)^2}{\sum h_i(x)}\right)^{\text{old}}$$

という反復式が導けます．

T これで本当に収束するのですか？

A ええ．うまく収束します．単独の正規分布における最尤推定量の拡張になっているからだと思います．問題は混合比 p の推定です．

T 制限条件があるので難しそうですね．

A 制限条件がある場合の常套手段は「ラグランジュの未定乗数法」です．

$$Y^+ = Y - \lambda\left(\sum_{i=1}^n p_i - 1\right)$$

とおいて，これを p_i で微分して 0 とおいてみてください．

T はい．

$$\frac{\partial Y^+}{\partial p_i} = \frac{\partial Y}{\partial p_i} - \lambda = 0$$

となるから，

$$\sum_x h_i(x) = \lambda$$

です．

A ここで未定乗数 λ の値を求める必要があります．ちょっと難しいですが，

$$\lambda = \lambda \sum_i p_i = \sum_x \sum_i p_i h_i(x) = \sum_x \left(H(x)\sum_i \frac{p_i g_i(x)}{G(x)}\right) = \sum_x H(x) = 1$$

となります．

T うーん．確かに 1 になりますね．

A 結局，解の満たす条件は，

$$\sum_x h_i(x) = 1$$

です．ハッセルブラッドはこの両辺に p_i を掛けて，

$$p_i^{\text{new}} = \left(p_i \sum h_i(x) \right)^{\text{old}}$$

という反復式を導きました．

T 本当にこれで収束するんですか？

A ええ．実行すると確かに収束するのですが，証明は簡単ではなくて，最近ではEMアルゴリズムを用いて証明されています．ハッセルブラッド法がEMアルゴリズムから導けるということは，かなり以前から知られていましたが，EMアルゴリズム自体の収束が証明されたのは最近のようです．ついでにいうと，岸野洋久先生や北田修一先生の書かれた教科書にあるEMアルゴリズムを用いた混合率の推定法も，じつはハッセルブラッド法です（岸野1999，北田2001）．

T EMアルゴリズムって何ですか？

A その前に，真子・松宮の方法について解説します．この方法は銘柄組成から年齢組成を推定する方法として開発されたものです．連立方程式でモデル化すると，

$$\begin{pmatrix} C_1 \\ \vdots \\ C_m \end{pmatrix} = \begin{pmatrix} g_1(1) & \cdots & g_n(1) \\ \vdots & & \vdots \\ g_1(m) & \cdots & g_n(m) \end{pmatrix} \begin{pmatrix} p_1 \\ \vdots \\ p_n \end{pmatrix} T$$

となります．ここでC_jは銘柄jにおける個体数，$g_i(j)$は年齢iにおける銘柄組成データ，p_iは年齢組成，Tは総個体数です．銘柄の方が少ない場合は不定，両者が同じ数の場合は連立1次方程式を解いて唯一の解が求まります．

T その辺はサケの回帰率のモデルと似ていますね．

A 問題は銘柄の方が多い場合で，この場合は最小2乗法などを用いて推定することになります（土井1975）．

T そうすると，年齢組成の場合と同じモデルになりますね．

A その通りです．真子・松宮の方法は次の反復式です．

$$X_{ij}^{\text{new}} = \left(\frac{X_{ij}}{\sum_j X_{ij}} \sum_j \frac{X_{ij} C_j}{\sum_i X_{ij}} \right)^{\text{old}}$$

ここでX_{ij}は銘柄jにおける年齢iの推定個体数です．

T これはえらく難しそうな式ですね．本当にこれがハッセルブラッド法と一致するんですか？

A ええ．

$$\sum_{j=1}^{m} C_j = T$$

なので，

$$X_{ij} = p_i g_i(j) T$$

となります．これを真子・松宮の反復式に代入してみてください．

T　とりあえず代入してみます．

$$\sum_{j=1}^{m} g_i(j) = 1, \quad \sum_{i=1}^{n} p_i g_i(j) = G(j)$$

だから，

$$p_i^{\text{new}} g_i(j) T = \left(g_i(j) \sum_j \frac{p_i g_i(j) C_j}{G(j)} \right)^{\text{old}}$$

となります．ここで $H(j) = C_j/T$ とおけば，

$$p_i^{\text{new}} = \left(p_i \sum_j \frac{H(j) g_i(j)}{G(j)} \right)^{\text{old}} = \left(p_i \sum h_i(j) \right)^{\text{old}}$$

となって一致しました．確かにちょっと見では分からないですね．

A　真子・松宮の方法はおそらく分散分析などのアナロジーから導かれたのだと思いますが，これが最尤法の解に収束したのは意外でした．

3・5　EM アルゴリズム

T　それで EM アルゴリズムって何ですか？

A　昔から欠測データの処理が，現場研究者の悩みの種でした．それでいろいろな分野で欠測データの推定が行われてきました．そのうち欠測データの推定とパラメータ推定を交互に行う反復法が開発されてきて，1977 年にそれを数学的に定式化して EM アルゴリズムと名付けたわけです．欠測データの推定を E ステップ，パラメータ推定を M ステップと呼んでいます．

T　ハッセルブラッド法が提示されてから 10 年以上も後ですね．体長組成データに欠測データが存在するんですか？

A　体長組成データには欠測データは存在しませんので，潜在データを欠測データとみなして EM アルゴリズムを適用します．このあたりの事情については，Akamine & Matsumiya（1992）に書きました．

T　ははあ．

A　ハッセルブラッド自身は狭義の反復法として導いているので，EM アルゴリズムではなくて，反復法の立場から収束を評価しようとしたのが赤嶺（1999）です．ヤコビ法の近似としてハッセルブラッド法が導けることを示しました．また混合率 p については縮小写像の原理から収束するための十分条件が導けるので，これは赤嶺（2001a）に示しました．

T　とうとう 20 年も経ってしまったんですね．

A　ええ．まるでライフワークみたいになってしまいました．それだけ混合正規分布の問題は奥が深かったということです．たとえば混合率には $0 < p_i < 1$ という制限があるのですが，しばしば p_i

→0 となります．これは 0 に収束しているのではなくて，「0 に発散」しているわけです．

T　ちょっとよく分からないのですけど．

A　$b_i=1/p_i>1$ と変数変換すると，$b_i \to \infty$ となるから明らかです．

T　なるほど．

A　それから混合率だけを推定する場合にはハッセルブラッド法は EM アルゴリズムと完全に一致しますが，平均や分散の値も同時に推定する場合や，分散が一定とか，標準偏差が平均に比例するとかの仮定を設けた場合には，完全には一致しません．というか EM アルゴリズムでは M ステップにおいて方程式が解けなくなるため，部分的に反復法を使わざるを得なくなります．これらについては赤嶺（2005）にまとめました．

T　ははあ．これには混合正規分布における EM アルゴリズムが収束することの証明も載っていますね．

A　ええ．KL 情報量を用いると証明が分かりやすくなるのですが，さらに KL 情報量を距離とみなすとじつに簡単に証明できます．目的関数は先ほどの対数尤度

$$Y = \sum_{j=1}^{m} H(x_j) \ln G(x_j)$$

ですから，KL 情報量を

$$\mathrm{KL}(H,G) = \sum_{j=1}^{m} H(x_j) \ln \frac{H(x_j)}{G(x_j)} \geq 0$$

とおいてみます．

T　これは初めて見ましたが，

$$\mathrm{KL}(H,G) \neq \mathrm{KL}(G,H)$$

となるから，距離としては少し変ですね．

A　ええ．でも

$$\mathrm{KL}(H,G) = \sum_{j=1}^{m} H(x_j) \ln H(x_j) - \sum_{j=1}^{m} H(x_j) \ln G(x_j) \geq 0$$

となっていますから，対数尤度の最大値からの距離を表していると解釈できます．

T　ははあ．なるほど．最小 2 乗法と同じで，

$$H(x_j) \equiv G(x_j)$$

のときに KL 情報量は最小となるわけですね．何となく理解できました．

A　この証明は赤嶺（2007）に載せました．EM アルゴリズムの一般的な証明を分かりやすく適用したものです．

T　先ほどの反復法の証明と EM アルゴリズムの証明は同じなんですか？

A　いえ．EMアルゴリズムの証明は反復ごとに目的関数である対数尤度が上昇するという証明なので，パラメータの収束には関与していません．したがって $p_i \to 0$ や $\sigma_i^2 \to \infty$ となる場合も含んでいます．これに対して反復法で用いた縮小写像の原理は，パラメータの収束を保証するものですから，常には成立しないので条件式が出てきます．

T　この教科書の例題はすべて表計算ソフトで解けると書いてありますけど．

A　ええ．昔はすべてBASICで書いていましたが，最近のパソコンはBASICよりも表計算ソフトなどの方が使いやすいので，表計算ソフトで統一しました．もちろん他のソフトでもOKです．

T　成長曲線の当てはめなどはすべて表計算ソフトの最適化プログラムでできてしまうみたいですね．

A　ただし混合正規分布のパラメータ推定の場合はパラメータ数が多いため，少し苦しいようです．それでハッセルブラッド法を表計算ソフトで使用するためのワークシートが，相澤・滝口（1999）と五利江（2002）に示されています．

T　相澤・滝口（1999）にはバグがあるそうですけど……

A　1行抜けています．B134セルにSUM(B83:B133)を入力して，F列まで右にコピーすればOKです．単純ミスなので容易に分かると思っていたのですが，分からない人が多くて意外でした．

T　一刻も早く推定値を得たい，という場合が多いのでしょう．

A　ハッセルブラッド法は単純な反復法ですから，反復式をそのまま実行させるだけです．ある程度表計算ソフトが使える人であれば自作可能だと思っていたのですが……

T　数学が苦手とか，いろいろあるのかもしれませんが，人からワークシートをもらった方が楽，という意識が先にあるとなかなか自分で修正するのが難しいのかも？

A　そうですね．私自身はBASICでプログラムを自作していく過程で，数値計算や数理統計学の勉強を「実体験」できたのですが，現在のような情報社会になってしまうと，すべて情報として入手できてしまうから，使えても自分の身や骨にはならないのでしょう．水産研究所の大先輩が「最近の若手は，知識はあっても知恵がない」とよく言っていましたが，当たっているかもしれません．

T　まぁ，この本が少しでも役に立つといいですね．

4. 成長式あれこれ

T君 魚類の体長組成を年齢ごとの正規分布に分解する話は一段落しましたが，その次に成長式のパラメータ推定をやったわけですか．

A先生 ええ．前回お話ししたように，じつはマルカール法で最小2乗法を最初に試したのはロジスティック曲線

$$l(t) = \frac{l_\infty}{1 + e^{-k(t-c)}}$$

でした．ですから既に片づいていたわけです．

T ははあ．

A 有名な Ecology という雑誌に大型計算機用のマルカール法のソフトを用いてロジスティック曲線のパラメータを推定したという論文が1970年に載っていて，その頃だったら論文になっていたかもしれませんけど，さすがに1980年代では論文にする気になりませんでした．

T そうでしょうね．

4・1 成長率が季節変動する成長式

A その頃，水産研究所の資源部の人たちが GSK（漁業資源研究会）という組織を作っていて，例会やシンポジウムを行って報告書を出していました．それを読んでいたら，若手の研究者が定差図法を使って，成長率が季節変動する魚のデータで成長式を求めようとしたところ，うまくいかなかったという報告を見つけました．それに対するコメントの中に「Pitcher & MacDonald (1973) を読むように」とあったので，図書室に依頼しました．文献を図書室に依頼したのはそれが初めてだったように記憶しています．

T だとしたら，かなり奥手ですね．

A それで届くまでに2週間くらいかかったのですが，その間に自分で考えてみました．体長についてのベルタランフィーの成長式は微分方程式で，

$$\frac{dl}{dt} = k(l_\infty - l)$$

と表されます．

T 成長速度は極限体長と現在の体長との差に比例する，という意味の微分方程式ですね．

A これが季節変動するのだから，

$$\frac{dl}{dt} = k(l_\infty - l)f(t), \qquad f(t+1) = f(t)$$

とおけば OK です．$f(t)$ は周期1の周期関数ですから，時間の単位は年です．この微分方程式は

変数分離型なので簡単に解けます．やってみてください．

T　えーと，
$$\frac{dl}{l_\infty - l} = kf(t)dt$$

と変形して積分すると，公式から
$$\ln|l_\infty - l| = -kF(t) + C, \quad F(t) = \int f(t)dt$$

となります．

A　その絶対値はOKですか？

T　$y = \ln|x|$ を微分すると，$y' = 1/x$ となります．$x > 0$ のときは明らか．$x < 0$ のときは $y = \ln(-x)$ となるから，$y' = (-1)/(-x) = 1/x$ となるのでOKです．

A　その通りです．$y = \ln|x|$ のグラフを描くと理解しやすいですね．個体の成長式では $0 < l < l_\infty$ ですが，個体数やバイオマスでは $l > l_\infty$ となる場合も考慮する必要があります．

T　なるほど．この場合は $0 < l < l_\infty$ なので，
$$l_\infty - l = ce^{-kF(t)} > 0$$

となります．初期条件は $(t, l) = (t_0, 0)$ なので代入すると，
$$c = l_\infty e^{kF(t_0)}$$

となりますから，結局，
$$l(t) = l_\infty(1 - e^{-k(F(t) - F(t_0))})$$

という成長式を得ます．これはベルタランフィーの成長式の t を $F(t)$ に置き換えただけですね．

A　よくできました．最初の微分方程式を，
$$\frac{dl}{l_\infty - l} = kf(t)dt = kdF$$

と書けば，t を $F(t)$ に置き換えるだけでOKということが分かります．

T　何だか，拍子抜けしました．

A　いえいえ．微分方程式をきちんと解くことは非常に重要です．これは後ほど分かると思います．残りの周期関数の方ですが，冬に水温が下がると成長率も低下すると考えて，
$$a \le f(t) = \frac{1+a}{2} + \frac{1-a}{2}\cos 2\pi(t - t_1) \le 1$$

としました．$a < 0$ のときマイナス成長が現れます．積分すると，
$$F(t) = \frac{1+a}{2}t + \frac{1-a}{4\pi}\sin 2\pi(t - t_1)$$

となります．

T　ちょっと見づらい式ですけど，ちゃんと意味があったんですね．

A　ええ．それでこの成長式用の人工データを作り，重みつき最小2乗法用のマルカール法のBASICプログラムを作ってパラメータ推定して，XYプロッターで作図しました（図4・1）．

T　一件落着ですね．

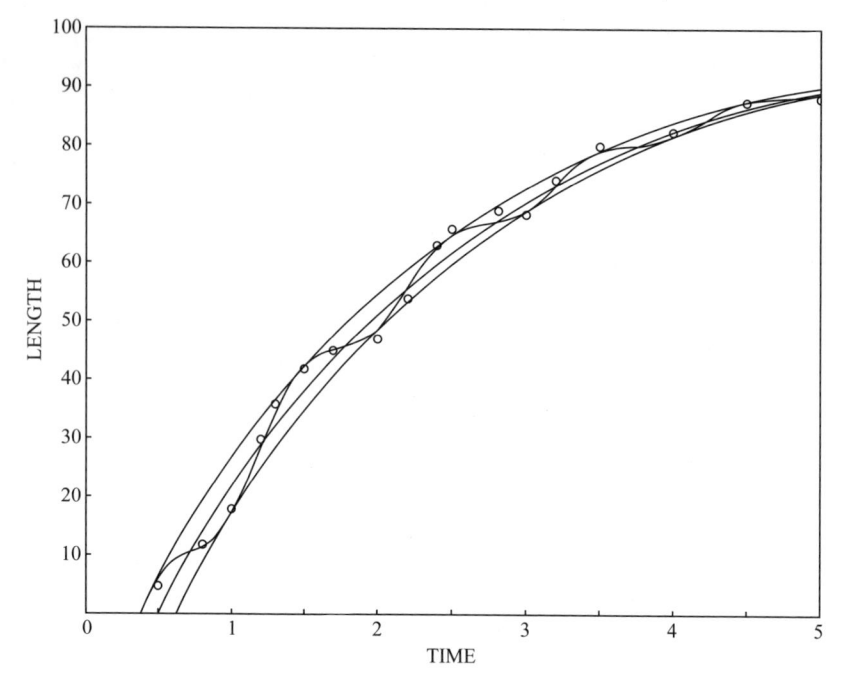

図4・1 周期関数で拡張した成長曲線（Akamine1986 より）

A　ところが取り寄せ中の論文の題に「Two models」と書いてあったので，もうひとつモデルを考えてみました．

T　ははあ．

A　微分方程式ではなくて，成長式を微分した式を使うと，

$$\frac{dl}{dt} = kl_\infty e^{-k(t-t_0)} f(t)$$

というモデルも作れます．てっきりこれが2つ目のモデルだと思い込んでしまいました．

T　これは解けるのですか？

A　先ほどの周期関数であれば解けます．それでこのモデルについてもマルカール法で推定して作図しました．そうしたところ最初のモデルとほとんど同じグラフになりました．

T　ということは，2つ目のモデルは存在価値がないわけですね．

A　ええ．そうこうしているうちに論文が届いたのですが，そこにあったのは，

$$L_{t_g} = L_\infty(1 - e^{-k(t_g - t_0)}), \quad \cos\left(\frac{2\pi t_s}{52}\right) < \text{sw} \text{ のとき } \frac{dt_g}{dt_s} = 0$$

というモデルと，

$$L_{t_r} = L_\infty(1 - e^{-k_1}), \quad k_1 = C \sin\left(\frac{2\pi(t_r - s_1)}{52}\right) + k(t_r - t_0)$$

というモデルでした．

T　ずいぶんと複雑なモデルですね．時間の単位は週ですか．

A　おそらく世界で最初の周期関数を用いた魚の成長式ですし，生物分野の研究者が作ったモデルですから仕方ないと思います．1つ目は成長率が周期的に0となるスイッチモデル，2つ目は私が作った最初のモデルと数学的には同じモデルですが，$t_r = t_0$のとき$L=0$にならないという欠点のあるモデルです．

T　それでパラメータ推定はどうやっていたのでしょう．

A　論文中には Fitting by hand と computer fitting とが書かれていて，後者は具体的には direct search method とあります．2次元平面 (L_∞, k) 上に等高線を描いて推定したみたいです．そういう時代ですので，このようなモデルを作っても絵に描いた餅でしかなかったのだと思います．

T　なるほど．1980年代になってパソコンが普及し，ようやく使えるようになってきたんですね．

A　それでロジスティック曲線とゴンペルツの成長式も同様に拡張してマルカール法で推定し，混合正規分布の場合と同様にヘッセ行列の逆行列やその固有ベクトルを用いて誤差解析したり，定差図法と比較したり，変曲点の計算などを加えて論文化しました（Akamine 1986）．2つ目のモデルも載せてしまったため，非常に読みづらい論文になってしまいました．

T　それは間抜けでしたね．

A　ええ．2つ目のモデルにも未練があったからですが，これ以降，このモデルは二度と使わなかったので，切り捨てるべきでした．似たようなモデルはいくらでも作れるという反面教師的な意味はありますけど．それで初校が出てきた頃に資源部の加藤さんが Pauly & David (1981) という論文を教えてくれました．そこには Pauly & Gashutz (1979) の成長式として，

$$L_t = L_\infty \left(1 - \exp\left(-k(t-t_0) + \frac{Ck}{2\pi}\sin 2\pi(t-t_s)\right)\right)$$

が示されていました．この式も私が作った最初のモデルと数学的には同等ですが，$t=t_0$のとき$L=0$にならないという，ピッチャーたちと同じ欠点のあるモデルです．ただしピッチャーたちよりもスッキリした形になっています．そこであわてて文献だけ引用しました．

T　最初にきちんと文献検索していないからです．

A　当時は今よりも文献検索が面倒だったのです，というのは言い訳で，GSKの報告書で十分と思い込んでいたわけです．

T　これで一件落着でしょうか．

A　ところがその後，いろいろなデータに当てはめてパラメータを比較していくと，周期関数のaの値が成長係数kに影響することが分かってきました．つまり$k \to kf(t)$と拡張したので，

$$\int_0^1 f(t)\mathrm{d}t = F(1) - F(0) = 1$$

と標準化した方がよいことに気づきました．

T　なるほど．

A　したがって周期関数を，

$$f(t) = 1 + A\cos 2\pi(t - t_1)$$

$$F(t) = t + \frac{A}{2\pi}\sin 2\pi(t - t_1)$$

に変更しました．このモデルでは $A>1$ のときマイナス成長が現れます．今までのモデルを，

$$A = \frac{1-a}{1+a}, \quad k \leftarrow \frac{1+a}{2}k$$

と書き直せば OK です．

T ははあ．これはポーリーたちの成長式と一緒ですね．

A それでいろいろ文献を調べたら，Hoenig & Hanumara が 1982 年に，

$$L_t = L_\infty - L_\infty e^x$$

$$x = -k(t-T_0) - \frac{kC}{2\pi}\sin 2\pi(t-T_2) + \frac{kC}{2\pi}\sin 2\pi(T_0 - T_2)$$

という成長式を提示しているようです．また Somers（1988）は，

$$L_t = L_\infty(1 - e^{-(k(t-t_0)+S(t)-S(t_0))}), \quad S(t) = \frac{Ck}{2\pi}\sin 2\pi(t - t_s)$$

という成長式を提示しています．これらの成長式では，$t=t_0$ のとき $L=0$ になるように修正されています．

T モデルの表現としてはかなり節約されてきましたが，まだまだですね．

A 結局，水産の研究者は

$$k(t - t_0) + G(\sin t)$$

という形から抜け出せないみたいです．微分方程式をたててきちんと解かないからだと思います．

T それで最初に微分方程式をきちんと解かせたんですね．

A ええ．それに

$$k(F(t) - F(t_0))$$

という形であれば，最初に紹介したピッチャーたちのスイッチモデルも含むことができます．

T なるほど．

A ちょうどその頃，別の同僚が細見彬文先生の本（細見 1989）を教えてくれました．この中にベルタランフィーの成長式の時間 t に積算水温のデータを入れると，成長率が季節変動するモデルが得られるという話が載っていました．1960 年代から用いられている手法だそうです．

T それはまったく知りませんでした．非常にセンスのいい話ですね．

A ですから，周期関数 $f(t)$ を「水温」と解釈すれば，$F(t)$ は「積算水温」と解釈できます．なお，場合によっては「総摂餌量」とも解釈できます．

T なるほど．合点しました．

4・2 リチャーズの成長式って何?

A ところで論文をまとめる際に,変曲点の式が 3 種類の成長式で似ていることに気がつきました.

T それは具体的にどういうことですか?

A 話を最初に戻すと,水産資源で一番広く使われている成長式はベルタランフィーの成長式

$$l(t) = l_\infty (1 - e^{-k(t-t_0)})$$

で,これは体長の式ですが,体重については

$$w(t) = w_\infty (1 - e^{-k(t-t_0)})^3$$

となります.前者は飽和型の曲線,後者は S 字型曲線です.

T これは前に出てきましたね.

A これ以外にはロジスティック曲線

$$l(t) = \frac{l_\infty}{1 + e^{-k(t-c)}}$$

とゴンペルツの成長式

$$l(t) = l_\infty \exp(-e^{-k(t-c)})$$

が藻類や介類などでときどき使われています.この両式は S 字型曲線で,ともに最初は人口の増加曲線として提示されたものです.

T そうですね.すべて水産資源学の教科書に載っています.ちょっと数式の書き方が違っていますけど.

A じつはこのように書くことに意味があります.つまり同じ曲線の仲間だということです.パラメータ数はすべて 3 つですし,t を $F(t)$ に置き換えて拡張した式の変曲点を求めると,非常に似た式が得られるのです.

T なるほど.

A それではベルタランフィーの拡張式を

$$l(t) = l_\infty (1 - e^{h(t)})$$

とおいて,変曲点が満たす方程式を求めてみてください.

T えーと,t で 2 回微分して 0 とおけばいいから,わりと簡単です.

$$h'' + h'^2 = 0$$

となりました.

A 正解です.ついでにロジスティックとゴンペルツもやってみてください.

T これは面倒ですね.うーん.

$$h''(1 + e^h) + h'^2 (1 - e^h) = 0$$

と

$$h'' + h'^2 (1 - e^h) = 0$$

になりました.確かに似ています.でもこれから一般式を導くのはちょっと無理です.

A ええ.それでしばらく放っておいたところ,農水省の統計研修に行ってきた同僚が資料を見せてくれました.

T その資料にリチャーズの成長式が載っていたんですね.

A　ご明察．その資料にはリチャーズの成長式

$$w(t) = \frac{w_0 w_f}{(w_0^n + (w_f^n - w_0^n)e^{-kt})^{1/n}}$$

およびその微分方程式

$$\frac{dw}{dt} = \frac{kw(w_f^n - w^n)}{nw_f^n}$$

が載っていました．この式は$n=1$のときロジスティック曲線，$n=0$のときゴンペルツの成長式，$n=-1$のときベルタランフィーの体長の成長式と一致します．

T　先に答が分かってガッカリですね．

A　後で調べたら，久保・吉原（1969）のp178に「近年 Richards (1959) はこの点について，優れた研究を行っている．」と文献だけ引用されていました．

T　それは迂闊でした．

A　ただ，このままの形では水産資源学では使いにくいのと，$n \geq -1$ という制限条件が付いているのが気になったので，しばらく数式をいじって，

$$w(t) = \frac{w_\infty}{(1 + re^{-k(t-c)})^{1/r}}$$

という成長式と，

$$\frac{dw}{dt} = kw \frac{1 - (w/w_\infty)^r}{r}$$

という微分方程式の形を得ました．nは一般に整数に用いるので，リチャーズに敬意を表してパラメータをrに変更しました．また，lだと体長に限定されるので，これもwに変更しました．

T　随分とスッキリしましたね．

A　結局，$r \geq -1$ という制限条件は不要でした．また$r=-1/3$のときベルタランフィーの体重の成長式となります（図4・2）．リチャーズの成長式はアロメトリー式

$$w = al^b$$

について閉じているのです．

T　なるほど．

A　それで問題は$r=0$のときゴンペルツの成長式になることの証明ですが，指数関数の定義式

$$e^x = \lim_{r \to 0}(1 + rx)^{1/r}$$

と対数関数の定義式

$$\ln y = \lim_{r \to 0} \frac{y^r - 1}{r}$$

を用いれば簡単明瞭です．

T　指数関数の定義式は数学の教科書に載っていますが，対数関数の定義式は？

A　指数関数の定義式で左辺を$y=e^x$とおいて，xについて解けばOKです．

T　なるほど．

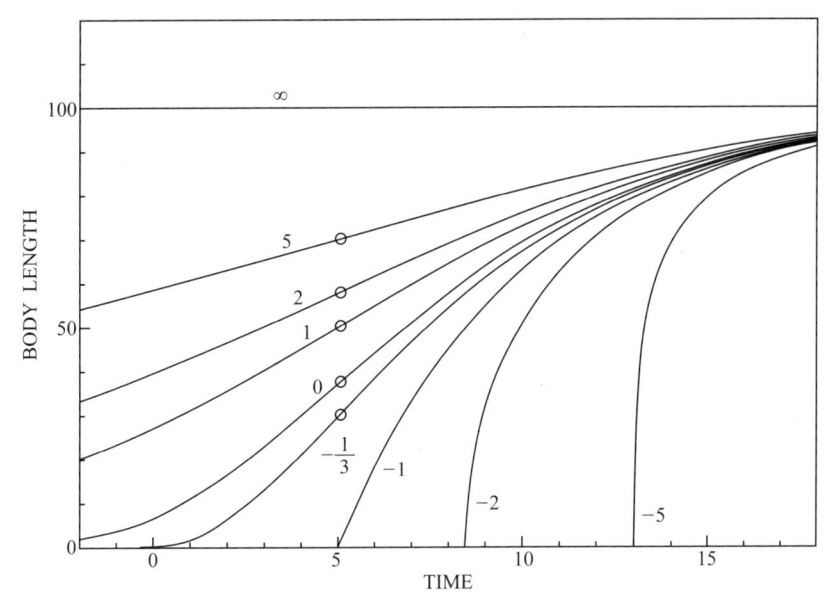

図 4・2 リチャーズの成長曲線（数字は r の値，赤嶺 1986 より）

A　それでゴンペルツの成長式の最初の指数関数に，指数関数の定義式から lim を除いた式を代入すれば，ただちにリチャーズの成長式が得られます．

T　それはじつに簡単な方法ですね．対数関数の定義式は微分方程式の方で用いるわけですね．

A　水産分野では指数関数のテイラー展開はよく知られていますが，この定義式を知らない人が多いので，赤嶺（2007）では指数関数についての解説を，オイラーの公式も含めて念入りにやっています．

4・3　変曲点は？

T　ところで先ほどの変曲点の話ですけど……

A　すっかり忘れていました．リチャーズの拡張式を

$$w(t) = \frac{w_\infty}{(1+re^h)^{1/r}}$$

とおいて，変曲点を求めてみてください．

T　えー？

A　対数微分すれば簡単でしょう．

T　それでは対数をとると，

$$\ln w = \ln w_\infty - \frac{1}{r}\ln(1+re^h)$$

となるから微分すると，

$$\frac{w'}{w} = -\frac{1}{r}\frac{rh'e^h}{1+re^h} = -\frac{h'}{r+e^{-h}}$$

となります．もう1回微分するのは面倒ですね．
A　$w' = -Aw$ とおくと，
$$w'' = -A'w - Aw' = -(A' - A^2)w = 0$$
となりますよ．
T　なるほど．
$$A' - A^2 = \frac{h''(r + e^{-h}) + h'^2 e^{-h}}{(r + e^{-h})^2} - \left(\frac{h'}{r + e^{-h}}\right)^2 = 0$$
だから，
$$h''(r + e^{-h}) + h'^2(e^{-h} - 1) = 0$$
つまり
$$h''(1 + re^h) + h'^2(1 - e^h) = 0$$
を得ました．これが変曲点の一般式だったんですね．
A　分かってしまえば簡単です．
T　ところでリチャーズ自身の成長式はどんな形だったんですか？
A　微分方程式
$$\frac{dw}{dt} = \eta w^m - \kappa w$$
を解いて，
$$w(t) = \left(\frac{\eta}{\kappa} - \left(\frac{\eta}{\kappa} - w_0^{1-m}\right)e^{-(1-m)\kappa t}\right)^{1/(1-m)}$$
という成長式を示しています．これはベルヌイ型の微分方程式だから，公式通りに解けばこのような解を得ます．
T　なるほど．当時の水産分野ではどうだったんですか？
A　先ほど引用した Pauly & David (1981) では，
$$l(t) = l_\infty (1 - e^{-kD(t-t_0)})^{1/D}$$
という式を提示していますが，これはリチャーズの成長式における $r<0$ の部分のみで，一般化ベルタランフィーの成長式と呼ばれています．また Schnute (1981) はリチャーズの成長式を
$$Y(t) = y_\infty \left(1 + \frac{1}{p}e^{-g(t-t_0)}\right)^{-p}$$
という形で書いています．
T　ははあ，これは先ほどの式で $r = 1/p$ と置いたものと一致しますね．
A　ところがシュヌートは，彼自身が提示した新しい連立微分方程式
$$\frac{dY}{dt} = YZ, \quad \frac{dZ}{dt} = -Z(a + bZ)$$

において，$a>0$ かつ $b<0$ の場合だけをリチャーズの成長式としています．

T ははあ．

A じつはこの連立微分方程式はリチャーズの成長式とまったく同一のものです．先ほどの微分方程式

$$\frac{dw}{dt} = kw\frac{1-(w/w_\infty)^r}{r}$$

について，

$$\frac{dw}{dt} = wZ, \qquad Z = k\frac{1-(w/w_\infty)^r}{r}$$

とおいてみてください．

T 右式を微分すると，

$$\frac{dZ}{dt} = -k\frac{w^{r-1}}{w_\infty^r}\frac{dw}{dt} = -k\left(\frac{w}{w_\infty}\right)^r Z$$

となります．これに先ほどの右式を代入すると，おお，

$$\frac{dZ}{dt} = -Z(k-rZ)$$

を得ます．したがってシュヌートの微分方程式は $a=k$, $b=-r$ となっています．

A よくできました．つまりシュヌートはリチャーズの成長式を $r>0$ の部分だけに限定しています．そして $r<0$ の部分を一般化ベルタランフィーの成長式

$$Y(t) = y_\infty\left(1-e^{-g(t-t_0)}\right)^p$$

と呼んで区別しています．また $r=0$ の場合をゴンペルツの成長式としていますから，全体を3つに場合分けしているわけです．これは水産関係では有名な雑誌に載った論文ですから，水産分野ではリチャーズの成長式はちゃんと理解されていなかったと言えます．なおシュヌートは有名なシンプレックス法のプログラムをBASICに書きかえて最小2乗法に用いています．

T うーん．数学的なセンスも必要なんですね．

A それで標準的な成長式は，リチャーズの成長式を周期関数で拡張した

$$w(t) = \frac{w_\infty}{(1+re^{-k(F(t)-F(c))})^{1/r}}$$

となりますが，これらについてAkamine (1988b, 1993) や赤嶺（1986, 1995a）にまとめました．Akamine（1993）はコメントだけですが，Quinn & Deriso (1999) に引用されました．もっとも，この本の成長に関する部分は全面的に書き直す必要がありますけど．

4・4 再生産式の一般型

T ようやく一段落ですね．

A ええ．それで少し他のモデルも検討してみました．漁獲モデルや余剰生産モデルに周期関数を

組み込むことを考えたわけです.

T 自然な流れですね.

A でもあまりうまく行きませんでした. 漁獲モデルについては赤嶺 (1988c) に, 余剰生産モデルについては赤嶺 (2004) に少しだけ書きました.

T やはり個体数とか資源量の扱いは難しいということでしょうか.

A ただし再生産式についてはリチャーズの成長式と同じ拡張ができました. 水産資源学で用いられる再生産式はベバートン・ホルト型

$$R = \frac{\alpha S}{1 + \beta S}$$

と, リッカー型

$$R = \alpha S e^{-\beta S}$$

の2種類だけです.

T これらも前に出てきましたね. リチャーズの成長式と同じということは, 指数関数に定義式を代入すればいいわけですか.

A その通りです. リッカー型に代入すると,

$$R = \frac{\alpha S}{(1 + r\beta S)^{1/r}}$$

という一般式が得られます. この式は $r=1$ のときベバートン・ホルト型, $r=0$ のときリッカー型に一致します.

T なるほど. 誰が最初に発見したんですか？

A デリソのモデルと呼ばれていますが, Deriso (1980) の式は不十分で, Schnute (1985) の式が正確ですから, シュヌートの再生産式と呼ぶのが妥当でしょう.

T 残念ながらシュヌートに先を越されましたね.

A ええ. でも Richards (1959) から26年も経っているので, それまで誰も発見できなかったことの方が不思議です. 指数関数に定義式を入れるだけですから. これらについては, 赤嶺 (1994) にまとめました. 言い忘れていましたが, 余剰生産モデルにおけるペラ・トムリンソンのモデル

$$\frac{dB}{dt} = rB\left(1 - \left(\frac{B}{K}\right)^z\right)$$

はリチャーズの成長式と同じものです.

T これは1969年ですか. これから考えてもシュヌートの再生産式は発見が遅いですね.

A あまり需要がなかったのでしょう. 再生産関係は環境の影響を強く受けるので, きれいな曲線に乗るということはほとんどありません. 1980年頃からシミュレーションなどで用いられ始めたのだと思います. ところでシュヌートの再生産式は $r \to \infty$ のとき, どうなりますか？

T えーと, 分母は ∞^0 だから……？

A 分母の対数をとると,

$$\frac{\ln(1+r\beta S)}{r} \to 0$$

となるから，再生産式は $R = \alpha S$ に収束します．対数関数は非常にゆっくりと増加しますので．

T でも ∞/∞ の形ですけど？

A 心配なら「ロピタルの定理」を使って，分子と分母を r で微分すれば，

$$\frac{\beta S}{1+r\beta S} \to 0$$

となるからOKです．ロピタルの定理についての詳しい解説は，稲葉三男先生の本（稲葉 1977）を参照してください．では次に極大値を求めてみましょう．

T S で対数微分してみます．

$$\ln R = \ln \alpha + \ln S - \frac{1}{r}\ln(1+r\beta S)$$

より，

$$\frac{R'}{R} = \frac{1}{S} - \frac{\beta}{1+r\beta S} = 0$$

つまり

$$1 + r\beta S - \beta S = 0$$

を解いて，

$$S = \frac{1}{(1-r)\beta} > 0$$

を得ます．これより $r < 1$ です．

A よくできました．R の値は？

T えーと，

$$R = \frac{\alpha}{\beta}(1-r)^{1/r-1}$$

となりました．これが極大値です．

A これは $r \to 0$ のとき，どうなりますか？

T うーん．

$$\lim_{r \to 0}\frac{(1-r)^{1/r}}{1-r} = e^{-1}$$

となります．実際，リッカー型に代入してみると，

$$R\left(\frac{1}{\beta}\right) = \frac{\alpha}{\beta}e^{-1}$$

となるからOKです．

A ところで $S \to 0$ のとき，傾き R' はどうなりますか？

T 先ほどの対数微分の式を用いると，えーと，

$$R' = \left(\frac{1}{S} - \frac{\beta}{1+r\beta S}\right)R = \left(\alpha - \frac{\alpha\beta S}{1+r\beta S}\right)\frac{1}{(1+r\beta S)^{1/r}} \to \alpha$$

となりました．つまり原点における傾きは常に α です．

A　その通りです．では次に変曲点を求めてみてください．

T　成長式の場合と同様に $R'=AR$ とおいて，$R''=(A'+A^2)R$ を用いてみます．

$$A' = -\frac{1}{S^2} + \frac{r\beta^2}{(1+r\beta S)^2}$$

となるから，

$$-(1+r\beta S)^2 + r\beta^2 S^2 + [(1+r\beta S) - \beta S]^2 = 0$$

を解けば OK です．これはうまくキャンセルできて，

$$r\beta S - 2(1+r\beta S) + \beta S = 0$$

となるので，

$$S = \frac{2}{(1-r)\beta} > 0$$

を得ます．これより $r<1$ です．R の値は

$$R = 2\frac{\alpha}{\beta}\frac{(1-r)^{1/r-1}}{(1+r)^{1/r}}$$

となります．これが変曲点の座標です．

A　R の分母のべき乗根の対数は？

T　もちろん

$$\frac{1}{r}\ln(1+r)$$

となります．ああ，そうか，$-1<r$ ですね．結局，変曲点が存在する範囲は $-1<r<1$ です．

A　負の値の対数については，そのうちお話しします．それで $r\to 0$ のときは？

T　えーと，

$$\lim_{r\to 0}\frac{(1-r)^{1/r}}{(1-r)(1+r)^{1/r}} = e^{-2}$$

となります．実際にリッカー型に代入してみると，

$$R\left(\frac{2}{\beta}\right) = 2\frac{\alpha}{\beta}e^{-2}$$

となるから OK です．

A　それでは表計算ソフトを使ってシュヌートの再生産式を作図してみてください．

T　ではさっそく．$\alpha=\beta=1$ のとき，とりあえず $r=-1, 0, 1, \infty$ を描いてみます．$r=0$ をそのままシュヌートの再生産式に入れるとエラーが出るから，この場合はリッカー型の式を，$r=\infty$ のときは直線 $R=aS$ を描かせると……．$r=-1$ のときは放物線ですね．

A　これは余剰生産モデルにおけるシェーファーモデルです．ついでに $r=-0.5$ のときも描いてみてください．

T　簡単です．ああー？　これは変な図になってしまいました（図 4・3）．

A　この場合は 3 次曲線

$$R = \alpha S(1 - 0.5\beta S)^2$$

になってしまうので，$S>2/\beta$ の部分は不要です．つまり $r<0$ のとき $S>-1/r\beta$ の部分は $R=0$ と定義する必要があります．

T　なにごともきちんと作図して確かめることが重要なんですね．

A　それでは，ここでコーヒーブレイクにしましょうか．

4・5　パラメータ推定

T　ところでポーリーたちのパラメータ推定方法はどうだったんですか？

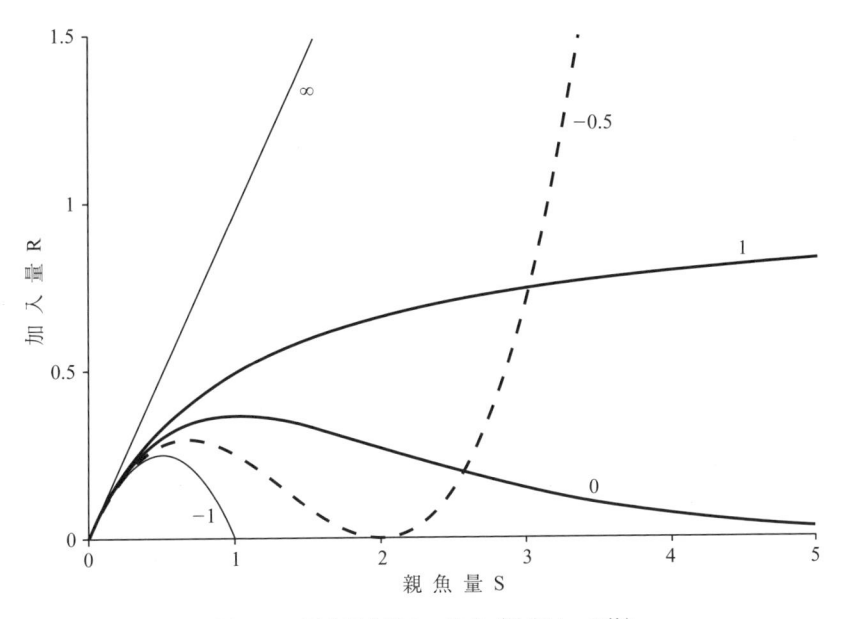

図 4・3　再生産曲線の一般式（数字は r の値）

A　BASIC とは書いているのですがハッキリしません．かなり後になって，

$$\ln\left(1 - \frac{L_t}{L_\infty}\right) = -k(t - t_0) + \frac{Ck}{2\pi}\sin 2\pi(t - t_s)$$

$$= kt_0 - kt + \left(\frac{Ck}{2\pi}\cos 2\pi t_s\right)\sin 2\pi t - \left(\frac{Ck}{2\pi}\sin 2\pi t_s\right)\cos 2\pi t$$

という変形を行って重回帰で求めていたと知りました．L_∞ の値を別に求めないといけないし，重回帰の係数も独立でないから，いろいろ問題がありそうです．

T　みなさん水産や生物分野の人ですから，無理ないですね．工学部関係には当時からこの程度のモデルであれば専門的なプログラムを作れる人はたくさんいたと思いますけど．

A　ええ．ベルタランフィーの成長式ではパラメータは3つ．三角関数を組み込んだモデルなら振幅と起点に関するパラメータが2つ加わるだけなので合計5つです．この程度であれば数値計算の基本である多変数のニュートン法や，評判の悪い最急降下法でもパラメータ推定可能だと思います．数値計算の専門家から見たら，朝飯前のモデルです．

T　それでは実際に測定データから成長式のパラメータを推定する場合の注意点を教えてください．

A　曲線の当てはめですから，重みつき最小2乗法が基本です．データの誤差が正規分布に従う場合，

$$Z^2 = \frac{\sum_{i=1}^{n}(x_i - \mu)^2}{\sigma^2}$$

$$= \frac{1}{\sigma^2}\sum[(x - \bar{x}) + (\bar{x} - \mu)]^2$$

$$= \frac{1}{\sigma^2}\left[\sum(x - \bar{x})^2 + 2(\bar{x} - \mu)\sum(x - \bar{x}) + \sum(\bar{x} - \mu)^2\right]$$

$$= \frac{\sum(x - \bar{x})^2}{\sigma^2} + 0 + \frac{(\bar{x} - \mu)^2}{\sigma^2/n}$$

と変形できるので，分散の推定値として不偏分散

$$\sigma^2 = \frac{\sum_{i=1}^{n}(x_i - \bar{x})^2}{n - 1}$$

を採用すると，

$$Z^2 = n - 1 + \frac{(\bar{x} - \mu)^2}{\sigma^2/n}$$

となります．したがって体長組成分解などによってその年級群の個体数 n，平均 $\bar{w}$ および分散 σ^2

が得られた場合は，平均の分散をσ^2/nとおけば，重みつき最小2乗法

$$Y = \sum_{j=1}^{k} \frac{(\overline{w}_j - w(t_j))^2}{\sigma_j^2/n_j}$$

によって成長式のパラメータを推定することができます．

T なるほど．ベルタランフィーの成長式

$$w(t) = w_\infty(1 - e^{-k(t-t_0)})$$

の場合には，Yを最小にする3つのパラメータk, w_∞およびt_0を同時に表計算ソフトの最適化法で求めればいいわけですね．

A ええ．Yは自由度kのカイ2乗分布$\chi^2(k)$に従いますが，最小値Y_{min}では3つのパラメータが固定されるため$\chi^2(k-3)$に従います．これより帰無仮説

$$H_0 : k = k_0, \quad w_\infty = w_{\infty 0}, \quad t_0 = t_{00}$$

を用いてパラメータの区間推定を行う場合は，

$$Y_0 - Y_{min} \sim \chi^2(3)$$

を用いればOKです．

T 分散が不明の場合，というか生データw_iをそのまま用いる場合はどうですか？

A この場合は普通の最小2乗法

$$S = \sum_{i=1}^{m}(w_i - w(t_i))^2$$

を用いるので，F検定

$$\frac{(S_0 - S_{min})/3}{S_{min}/(m-3)} \sim F(3, m-3)$$

を用います．F検定は分子と分母が独立なので注意してください．じつは昔，この式を間違えたことがあります（赤嶺2001c）．尤度比検定の場合と勘違いしてしまったのです．

T 実際の現場では，雄雌の成長式が同じかどうかを検定することが多いようですけど．

A その場合には帰無仮説

$$H_0 : k_M = k_F, \quad w_{\infty M} = w_{\infty F}, \quad t_{0M} = t_{0F}$$

を用います．雄だけのデータを用いて成長式を当てはめた場合の目的関数をY_M，雌だけの場合をY_F，両方のデータをあわせて当てはめた場合をY_{M+F}とすると，

$$Y_{M+F} - (Y_M + Y_F) \sim \chi^2(3)$$

となるので，これを用いて検定すればOKです．

T 雌雄別々に2本の成長式を当てはめた場合よりも，雌雄あわせて1本の成長式を当てはめた場合の方が残差平方和が大きくなるのですね．

A ええ．その差の大きさが$\chi^2(3)$に従うわけです．ここで気をつけないといけないのは，雌雄共通の成長式を求める際に，同一測定時の雄雌の生データを合計して共通の平均と分散を求めて，

それをデータとして使用しては駄目，という点です．雌雄別々の平均と分散のデータをそのまま用いなくてはいけません．

T　ははあ？

A　モデルを比較する場合は同じデータを用いないと駄目という話です．たとえば前半と後半で2本の回帰直線を当てはめるモデルと，全体で1本の回帰直線を当てはめるモデルとを比較する例を考えると分かりやすいと思います．これは共分散分析の例ですが，回帰直線か回帰曲線かの違いだけで，まったく同じ検定です．

T　なるほど．雌雄の成長式を比較する場合は同じ時刻で測定しているから，間違いやすいわけですね．

A　その通りです．共分散分析では直線を比較していて，直線を扱う場合は重みを常に一定とすることが普通なのでF検定を用いますから，このような間違いは起こしません．雌雄の成長式を比較する場合は，雌雄の平均値の差の検定（t検定）と混同しやすいのだと思います．

T　それで生データの場合は？

A　雄のデータ数をm_M，雌のデータ数をm_Fとすると，F検定

$$\frac{(S_{M+F} - S_M - S_F)/3}{(S_M + S_F)/(m_M + m_F - 6)} \sim F(3, m_M + m_F - 6)$$

を用いればOKです．

T　了解しました．成長式のパラメータ数がpの場合は，今までの式で3のところをpに，6のところを$2p$にすればいいのですね．ところでデータ数が1とか2のように，データ数が極端に少ない部分はどのように処理すればいいのでしょうか？

A　それはよく耳にする問題ですね．そのような部分が多いデータについては，生データのまま普通の最小2乗法を用いるのが無難です．ただし測定器具の誤差が判明している場合には，測定値の誤差の分散で重みづけするのが無難でしょう．それから標準偏差が平均の1次関数

$$\sigma = a\mu + b$$

になると仮定する場合もあります．

T　これはよく目にします．

A　結局，体長組成分解などでデータの分散がきれいに推定できている場合以外は，重みづけで分散が一定になるように調整してF検定を行うのが妥当だと思います．

T　ところで，再生産式についても成長式と同様の方法でパラメータ推定すればいいんでしょう？

A　それがけっこう難しい問題なんです．産卵量Sから加入量Rを推定して用いるという場合であれば，同じような扱いも可能ですが，通常は縦軸だけでなく，横軸の誤差も考慮する必要があります．

T　うーん．それは面倒そうですね．

A　結論から言うと，再生産曲線を陰関数モデルとみなして，

$$Y = \sum_{i=1}^{m}\left(\frac{(s_i - S_i)^2}{\sigma_{si}^2} + \frac{(r_i - R_i)^2}{\sigma_{ri}^2}\right), \quad f(S_i, R_i; \alpha, \beta) = 0$$

を最小にするパラメータ α，β を求めるのがベストです．ここでデータは m 組の

$$(s_i, \sigma_{si}^2, r_i, \sigma_{ri}^2)$$

が必要です．推定方法は粟屋隆先生が開発された反復法（粟屋1991，赤嶺2007）を参考にしてください．

T　ははあ．縦軸と横軸のデータだけでなく，それぞれのデータごとに分散の値が必要なんですね．見るからに大変そうです．

A　それから言い忘れていましたが，アロメトリー式も最近は

$$w = al^b + \varepsilon$$

として，このまま非線型最小2乗法で推定する人がいますが，等分散性を考慮するならば，対数変換して，

$$\ln w = \ln a + b \ln l + \varepsilon$$

のように，通常の直線回帰で推定する方がベターだと思います．

T　この ε （イプシロン）は何ですか？

A　誤差のことで，回帰分析ではこのような表現を使います．これが正規分布に従うと仮定すれば，最尤法によるパラメータ推定が最小2乗法になります．

T　なるほど．

A　魚の場合，体長の方が体重よりも測定形質として安定しています．したがって体長から体重を推定する場合がほとんどです．そのような場合には通常の直線回帰でもOKと思います．ただし再生産式と同様に，厳密にパラメータの値を推定する場合には，陰関数モデルとみなした粟屋の反復法がベストでしょう．

T　ははあ．

A　生態学分野で広く読まれている教科書「統計のはなし」の第7章「回帰の悪い夢」にも，アロメトリー式の推定は「最悪の例の1つ」として紹介されています（粕谷1998）．

T　うーん．目的によって解析方法も違ってくるんですね．どうも哲学的な話は苦手なので，しばらく考えてみます．

4・6　主成分分析

T　ところで回帰分析についてですけど，通常の直線回帰とちがって，個々のデータの点から直線までの距離を最小にする方法があるそうですけど……

A　それは主成分分析と同じ方法です．最初に通常の単回帰から復習してみましょう．n 組のデータ (x, y) が与えられたとき，回帰直線 $y = a + bx$ を最小2乗法で求めてみてください．

T　通常の単回帰では残差平方和

$$W = \sum_{i=1}^{n}(y_i - a - bx_i)^2$$

を最小にするパラメータ a と b を同時に求めます．今なら表計算ソフトの最適化法で簡単に求まりますが，ちゃんと微分して求めてみます．

A そのまま微分しても求まりますが，ちょっと工夫してみましょう．最初に原点を重心に平行移動します．つまり

$$\begin{pmatrix} x \\ y \end{pmatrix} = \begin{pmatrix} \bar{x} + X \\ \bar{y} + Y \end{pmatrix} = \begin{pmatrix} \bar{x} \\ \bar{y} \end{pmatrix} + \begin{pmatrix} X \\ Y \end{pmatrix}$$

と座標変換します．ここで

$$\bar{x} = \frac{\sum x}{n}, \quad \bar{y} = \frac{\sum y}{n}$$

です．そうすると，回帰直線は

$$Y = bX + a - \bar{y} + b\bar{x} = bX + \alpha$$

となり，

$$\sum X = \sum Y = 0$$

$$\sum X^2 = \sum (x - \bar{x})^2 = S_{xx}$$

$$\sum XY = \sum (x - \bar{x})(y - \bar{y}) = S_{xy}$$

$$\sum Y^2 = \sum (y - \bar{y})^2 = S_{yy}$$

となります．

T なるほど．かなり計算が簡略化できますね．

A ここでさらに

$$\begin{pmatrix} u \\ v \end{pmatrix} = \begin{pmatrix} X \\ Y - bX \end{pmatrix} = \begin{pmatrix} 1 & 0 \\ -b & 1 \end{pmatrix} \begin{pmatrix} X \\ Y \end{pmatrix}$$

と座標変換します．これは斜交座標です．

T ははあ．

A こうすると残差平方和は

$$W = \sum (v - \alpha)^2 = \sum v^2 - 2\alpha \sum v + n\alpha^2 = \sum v^2 + n\alpha^2$$

となりますから，$\alpha = 0$ がただちに分かります．したがって

$$a = \bar{y} - b\bar{x}$$

です．

T　なるほど．
$$\sum v = \sum Y - b\sum X = 0$$
を使ったのですね．つまり回帰直線は重心を通るわけですか．そうすると
$$W = \sum v^2 = \sum (Y - bX)^2$$
となるから，傾き b の推定は
$$\frac{\partial W}{\partial b} = -2\sum (Y - bX)X = 0$$
を解いて，
$$b = \frac{\sum XY}{\sum XX} = \frac{S_{xy}}{S_{xx}}$$
となります．これは見慣れた公式ですね．

A　よくできました．
$$W = S_{yy} - 2bS_{xy} + b^2 S_{xx} = S_{xx}\left(b - \frac{S_{xy}}{S_{xx}}\right)^2 + S_{yy}\left(1 - \frac{S_{xy}^2}{S_{xx}S_{yy}}\right)$$
と変形できるので，微分しなくても b の値は求まります．それでは同じ方法で主成分分析の主軸を求めてみましょう．同じように原点を重心に平行移動して，今度は座標を回転させます．つまり
$$\begin{pmatrix} u \\ v \end{pmatrix} = \begin{pmatrix} \cos\theta & \sin\theta \\ -\sin\theta & \cos\theta \end{pmatrix} \begin{pmatrix} X \\ Y \end{pmatrix}$$
と座標変換するわけです．そうすると主成分分析の残差平方和は同様に
$$W = \sum(v - \alpha)^2 = \sum v^2 - 2\alpha \sum v + n\alpha^2 = \sum v^2 + n\alpha^2$$
と表せますから，$a = 0$ です．

T　ははあ．
$$\sum v = -\sin\theta \sum X + \cos\theta \sum Y = 0$$
を使ったのですね．つまりこの場合も直線は重心を通るわけですか．そうすると

$$W = \sum v^2 = \sum (-X\sin\theta + Y\cos\theta)^2$$

$$= \sum (X^2\sin^2\theta - 2XY\sin\theta\cos\theta + Y^2\cos^2\theta)$$

$$= S_{xx}\sin^2\theta - 2S_{xy}\sin\theta\cos\theta + S_{yy}\cos^2\theta$$

となるから，θ の推定は

$$\frac{\partial W}{\partial \theta} = 2S_{xx}\sin\theta\cos\theta - 2S_{xy}(\cos^2\theta - \sin^2\theta) - 2S_{yy}\sin\theta\cos\theta = 0$$

を解いて，えーと……

A　$b = \tan\theta$ ですよ．

T　そうか．

$$S_{xx}\tan\theta - S_{xy}(1 - \tan^2\theta) - S_{yy}\tan\theta = 0$$

となるから，

$$b^2 - 2Ab - 1 = 0, \quad A = \frac{S_{yy} - S_{xx}}{2S_{xy}}$$

という2次方程式を得ます．したがって

$$b = A \pm \sqrt{A^2 + 1}$$

という2根が解です．

A　この2根は主成分分析の第1軸と第2軸です．2次方程式の定数項が -1 だから，この2軸は直交しています．$S_{xy}>0$ のときは正の相関なので，$b>0$ の方が最小になり，$b<0$ の方は最大になります．逆に $S_{xy}<0$ のときは負の相関なので，$b<0$ の方が最小になります．

T　なるほど．$A < \sqrt{A^2 + 1}$ だから，$S_{xy}>0$ のときは

$$b = A + \sqrt{A^2 + 1} = \frac{S_{yy} - S_{xx} + \sqrt{(S_{yy} - S_{xx})^2 + 4S_{xy}^2}}{2S_{xy}}$$

が解に，$S_{xy}<0$ のときは

$$b = A - \sqrt{A^2 + 1} = \frac{S_{yy} - S_{xx} - \sqrt{(S_{yy} - S_{xx})^2 + 4S_{xy}^2}}{2S_{xy}}$$

が解になるのですね．

A　いえいえ，後半は間違っています．$S<0$ のときは $\sqrt{S^2} = -S > 0$ だから，符号が逆になります．ですから，

$$b = A - \sqrt{A^2+1} = \frac{S_{yy} - S_{xx} + \sqrt{(S_{yy}-S_{xx})^2 + 4S_{xy}^2}}{2S_{xy}}$$

となって，同じ式になります．

T　うーん．そうか．うっかりすると間違えやすいですね．

A　じつは三角関数の加法定理を使うと，

$$W = S_{xx}\sin^2\theta - 2S_{xy}\sin\theta\cos\theta + S_{yy}\cos^2\theta$$

$$= S_{xx}\frac{1-\cos 2\theta}{2} - S_{xy}\sin 2\theta + S_{yy}\frac{1+\cos 2\theta}{2}$$

$$= \frac{S_{xx}+S_{yy}}{2} - \frac{S_{xx}-S_{yy}}{2}\cos 2\theta - S_{xy}\sin 2\theta$$

$$= \frac{S_{xx}+S_{yy}}{2} - \frac{\sqrt{(S_{xx}-S_{yy})^2 + 4S_{xy}^2}}{2}\cos(2\theta - \varphi)$$

ここで

$$\tan\varphi = \frac{2S_{xy}}{S_{xx}-S_{yy}} = -\frac{1}{A}$$

と変形できるので，W の最小値は

$$\tan 2\theta = \frac{2b}{1-b^2} = -\frac{1}{A} = \tan\varphi$$

を解けば得られます．

T　なるほど．でも三角関数の公式は苦手なので，微分する方が楽ですね．

4・7　生物集団の数学

T　ところでこんな本を見つけてきました．Thieme（2003）の訳本です．

A　これは初めて見る本ですが，なかなか面白そうじゃないですか．

T　アリゾナ州立大の3年生から大学院生までを対象とした教科書で，監訳者まえがきに「本書では数学理論がしっかりと述べられ，それでいて生物色が失われていない．このように魅力的な書物は現在の和書には存在せず」と書かれています．

A　独学するのに最適みたいですね．

T　ところが先生の教科書と数式が違うので行き詰まっています．

A　どれどれ．

T　第4章にベルタランフィーの成長式として，体長について

$$L(t) = (L_0 - L_\infty)\mathrm{e}^{-\mu t} + L_\infty$$

および，体重について

$$V(t) = \alpha^3 (L_0 \mathrm{e}^{-\mu t} + L_\infty (1 - \mathrm{e}^{-\mu t}))^3$$

という2つの数式が出ているのですが……？

A　ああ，これは

$$l(t) = l_\infty (1 - \mathrm{e}^{-k(t-t_0)})$$

および

$$w(t) = w_\infty (1 - \mathrm{e}^{-k(t-t_0)})^3$$

と同一のものです．初期条件によって追加されるパラメータを L_0 とするか，t_0 とするかの違いだけです．水産資源学ではもっぱら後者を使用しています．

T　なるほど．じつはその次の第5章の方がサッパリで，「さまざまな方程式の比較」として，ロジスティック方程式

$$x' = x(1-x)$$

ベルヌイ方程式

$$x' = x(1-x^\theta)$$

これは $\theta > 0$ に限定しています．ベバートン・ホルト方程式

$$x' = x\frac{1-x}{1+\alpha x}$$

リッカー方程式

$$x' = x\frac{\mathrm{e}^{\gamma(1-x)} - 1}{\mathrm{e}^\gamma - 1}$$

ゴンペルツ方程式

$$x' = -x \ln x$$

の5つが紹介されていますけど，よく分かりません．すべてのパラメータが1になるようにスケール変換していることは理解できるのですけど……

A　なるほど．ベバートン・ホルトやリッカーの名前が出ているのは水産研究者としては嬉しいのですが，これらは再生産モデルなので後回しにして，残りの3つを先に検討しましょう．リチャーズの成長式の微分方程式は書けますか？

T　うーん．

A　すぐには難しいですかね．

$$\frac{\mathrm{d}w}{\mathrm{d}t} = kw\frac{1 - (w/w_\infty)^r}{r}$$

です．$r=1$ のときパラメータ k と w_∞ の値を1とおくと，先ほどのロジスティック方程式と一致

します．$r=0$ のときはどうなりますか？

T　えーと，どうでしたっけ？

A　対数関数の定義式
$$\ln y = \lim_{r \to 0} \frac{y^r - 1}{r}$$
を用いてみてください．

T　そうでした．
$$\frac{dw}{dt} = -kw \ln\left(\frac{w}{w_\infty}\right)$$
となるから，確かに一致しますね．ところでベルヌイ方程式はリチャーズの成長式と同一なんでしょうか？

A　数学的には同一です．でもティーメ本では $\theta>0$ と限定しているので，これは一般化ロジスティック式です．$\theta=0$ では今やってもらったようにゴンペルツ式に一致し，$\theta<0$ では一般化ベルタランフィー式になるはずです．ティーメ本では第4章の体サイズの成長でベルタランフィー式だけを取りあげ，第5章の個体群サイズの成長では逆にベルタランフィー式を除外していて，ちょっと変な気がします．ティーメ本の第5章のスタイルで一般化ベルタランフィー式を書くとどうなりますか？

T　えーと，うーん．そうか，リチャーズの成長式は
$$x' = x \frac{1 - x^\theta}{\theta}$$
と書けるから，一般化ベルタランフィー式は $\theta<0$ のとき
$$x' = x(x^\theta - 1)$$
となります．

A　よくできました．これもベルヌイ方程式です．ところで体サイズの成長式では増加関数である $0<x\leq 1$ の部分だけを用いるのですが，個体群サイズの成長式では減少関数である $1<x$ の部分も必要です．これも先ほど少し触れたのですが，憶えていますか？

T　ええ．

A　体サイズの成長式においてパラメータを $w \to N$, $r \to \theta$, $k \to r$, $w_\infty \to K$ と書きかえ，パラメータ t_0 または c を N_0 に変更すれば OK です．

T　ということは，微分方程式
$$\frac{dN}{dt} = rN \frac{1 - (N/K)^\theta}{\theta}$$
を初期条件 $(t, N) = (0, N_0)$ で解けばいいんですね．えーと．

A　改めて解かなくても，体サイズの成長式を書きかえれば簡単です．

$$N(t) = \frac{K}{(1+\theta e^{-r(t-c)})^{1/\theta}} \qquad (\text{a式})$$

に，$t=0$ のとき $N(0)=N_0$ を代入してみてください．

T　なるほど．

$$N_0 = \frac{K}{(1+\theta e^{rc})^{1/\theta}}$$

となるから，

$$\theta e^{rc} = (K/N_0)^\theta - 1$$

です．これを代入すると，

$$N(t) = \frac{K}{\left\{1 + \left[(K/N_0)^\theta - 1\right]e^{-rt}\right\}^{1/\theta}}$$

となります．ははあ，ティーメ本の第4章にあるベルタランフィーの成長式は，この式で $\theta = -1$ および $\theta = -1/3$ とおいたものなんですね．

A　その通りです．この成長式は統計研修の資料にあったものと同じです．この式は $\theta \to 0$ のときどうなりますか？

T　えーと……

A　この式でやらなくても，（a式）からやれば簡単です．

T　ああ，そうですね．（a式）で $\theta \to 0$ とすると，ゴンペルツの成長式

$$N(t) = K\exp(-e^{-r(t-c)}) = K\exp(-e^{rc} \cdot e^{-rt})$$

となるから，これに $t=0$ のとき $N(0)=N_0$ を代入すると，

$$N_0 = K\exp(-e^{rc})$$

を得ます．したがって，

$$N(t) = N_0 \exp(e^{-rt})$$

となります．あれ？　なんか変です．K が消えてしまいました．

A　それは単純ミスです．

$$e^{ab} = (e^a)^b$$

ですよ．

T　そうでした．

$$N(t) = K(N_0/K)^{e^{-rt}}$$

が正解です．やれやれ．

A 結構，面倒でしたね．グラフは $N_0 < K$ のとき図 4・4 のようになります．
T 残りのベバートン・ホルトおよびリッカー方程式は，今まで見たことがない形なんですけど．
A 水産資源学ではどちらも再生産曲線として扱っています．再生産曲線の一般型はシュヌート式

$$R = \frac{\alpha S}{(1 + r\beta S)^{1/r}}$$

で，これは $r=1$ のときベバートン・ホルト型，$r=0$ のときリッカー型になります．

T そうでした．でも，どちらもティーメ本の数式と一致しませんけど……？
A そうですね．どういう計算をしているんでしょう？ なるほど．個体群サイズを N とおき，出生率を β とおくと，$R = \beta N$ だから，ベバートン・ホルト型では

$$\beta(N) = \frac{\beta_0}{1 + \alpha N}$$

リッカー型では

$$\beta(N) = \beta_0 e^{-\alpha N}$$

となるのか．それでベバートン・ホルト型では μ を死亡率として，

$$N' = N\left(\frac{\beta_0}{1 + \alpha N} - \mu\right) = \rho N \frac{1 - (N/K)}{1 + \alpha N}$$

と変形したわけですね．ようやく一致しました．リッカー型ではどうですか？

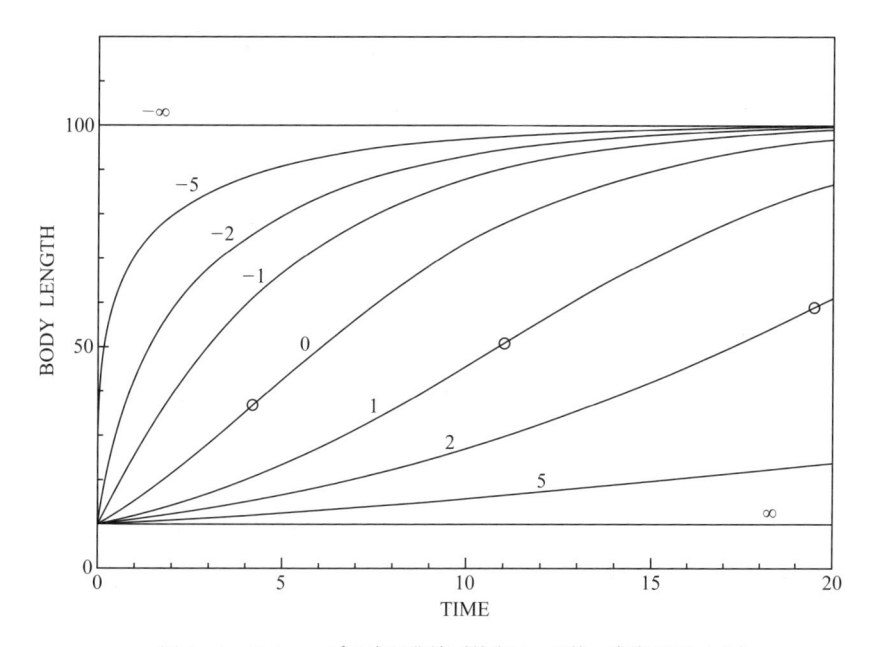

図 4・4 リチャーズの成長曲線（数字は r の値，赤嶺 1986 より）

T えーと，同じく

$$N' = \beta_0 N e^{-\alpha N} - \mu N = \rho N \frac{e^{\gamma(1-(N/K))} - 1}{e^\gamma - 1}$$

と変形していますね．これも一致しましたけど，かなり強引な変形ですね．

A そうですね．でも生態学ではこのように変形するみたいですから，導き方くらいは憶えておいた方がよいかもしれません．ところで少し古いけど，笠原先生の本（笠原1970）は読んだことありますか？

T もちろんありません．

A 私が学生時代に読んで，非常に感銘を受けた教科書です．対話形式で読みやすく薄い本ですが，副題に「固有値を軸として」とあるように，内容はとてもしっかりしています．この本のp47に

$$x' = -x \ln|x|$$

という微分方程式が出てきます．

T 対数関数の中が絶対値になっていますけど，ゴンペルツ方程式と似ていますね．

A $x>0$ のときはゴンペルツ方程式と一致し，$x<0$ のときはゴンペルツ方程式を横軸について対称にしたものになります．

T なるほど．

A それからベルヌイ型の微分方程式はたいていの教科書に載っています．ですからリチャーズの成長式は数学的な基礎知識として，知っておいて損はないと思います．なお，笠原 (1973) も名著で，最近，新装版も出たみたいですから，余力があったら，目を通してみてください．

5. 個体数推定は難しい！

T君 混合正規分布と成長式のパラメータ推定についてはだいたい分かりましたが，その後は何をやったんですか？

A先生 いよいよ個体数推定，つまり水産資源学では資源量推定という一番重要な課題にとりかかりました．というわけではなくて，じつは水産研究所で最初にとり組んだのが個体数推定だったのです．

T ははあ．

A 資源量推定の基本は漁獲量データからの推定で，現在ではVPA（コホート解析）が主流になっています．この方法は漁業に大きく依存しているため，漁業に依存しない調査船調査による魚探などを用いた手法も合わせて行われています．

T そうですね．

A そのような調査は主に資源部で行われていて，私が配属となった浅海開発部では大学の研究室と同じような，漁船や調査船を用いた小型底曳き網やプランクトンネットなどの調査が主体でした．したがって生態学の教科書にあるような個体数推定手法を検討することになったわけです．

5・1 イタヤガイ幼生を計数する

T フィールド調査ですと，格子状に区切るグリッド調査とか，ライン・トランセクト法とか，標識再捕法とかでしょうか．

A ええ．前にお話ししたように，最初の1年間はイタヤガイのベリジャー幼生を計数していました．養殖研究所の田中弥太郎先生のところに行って，ベリジャー幼生の扱い方や識別方法を教わりました．

T なかなか面白そうですね．

A それから青森県の増殖試験場にも行って，ホタテガイについて教わりました．その頃から既に陸奥湾では漁業者も一緒にホタテガイのベリジャー幼生を計数して，採苗適期の予報などを出していました．

T そんなに進んでいたとは知りませんでした．

A それでプランクトンネットの採集物の中から二枚貝幼生だけを選別して，その中からイタヤガイ幼生を識別して計数するわけですが，アルバイトの女性2人を使っても，とても時間が足りないことが分かってきました．それで各サンプルから1/5だけ抜きとって，その中から二枚貝幼生を選別することにしました．

T 普通はプランクトン分割器を用いて分割しますね．

A GG54ネットで大型プランクトンをとり除き，残りをスクリュウ管の中で撹拌してからピペッ

トで1/5を抜きとることにしました．フォルマリン固定されたベリジャー幼生は通常の二枚貝と似た形をしているので，ネットを通過しやすいからです．実際にチェックしてみましたが，大丈夫でした．

T　問題は1/5抜きとりの有効性ですね．

A　その通りです．幼生の数をn，抽出率をp，抽出された幼生数をxとおくと，xは2項分布

$$P(x) = \binom{n}{x} p^x (1-p)^{n-x}, \quad \binom{n}{x} = \frac{n!}{x!(n-x)!} = \frac{n^{(x)}}{x!}$$

に従います．

T　これは確率分布の基本ですね．

A　基本中の基本ですが，

$$\sum_{x=0}^{n} P(x) = 1$$

の証明はOKですか？

T　これはバッチリです．2項定理そのものなので，

$$1 = (p+q)^n = \sum_{x=0}^{n} \binom{n}{x} p^x q^{n-x}$$

となります．

A　よくできました．2項分布はnが大きくなると$\mu=np$，$\sigma^2=npq$の正規分布に近づきます．このときxの95％確率区間は$\mu \pm 1.96\sigma$で与えられます．

T　その辺は大丈夫です．

A　本当に大丈夫ですか？　それでは95％確率区間の定義はどうです？

T　その区間内にxの値が実現する確率が95％ということです．

A　全体で100％ですから，そこから任意の5％区間を除いたら，すべて95％確率区間になってしまいますよ．

T　うーん．何か条件が必要みたいです．

A　統計学で用いる確率区間はできるだけ短くないと使い物にならないので，区間内の点をx，区間外の点をyとしたとき，常に

$$P(x) > P(y)$$

となる必要があります．このとき区間は最短となります．このような区間を最高密度領域HDR（Highest Density Region）と呼びます．そもそも確率を考えているわけですから，確率の高い部分を採用し，確率の低い部分を棄却するという，きわめて当たり前の話です．

T　なるほど．

A　それで横軸にxを，縦軸にnをとって，各nごとにxの95％確率区間をプロットすると，直線$n=x/p$の左右に放物線に似た2曲線が得られます．実際に計数されたxについて，この2曲線

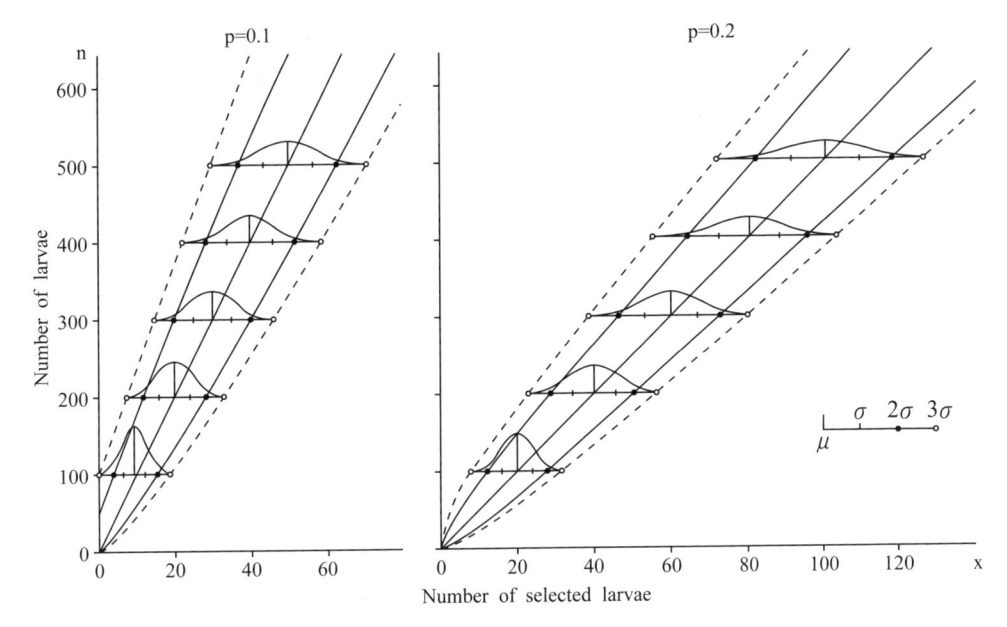

図5・1 抜きとり法の区間推定（p は抽出率，赤嶺 1981 より）

上の n の値を読みとれば，それが n の95％信頼区間を与えます（図5・1）．

T　えーと，横軸方向が確率区間，縦軸方向が信頼区間ですか．こんな図は見たことありませんけど．

A　そうですね．信頼帯と呼ばれています．似たような図は載っていることがありますけど，これと同じ図はないですね．信頼区間を理解するには非常に分かりやすい図だと思います．それで赤嶺（1981）にまとめてみました．

T　なるほど．1/10抽出では誤差が大きすぎたんですね．それで1/5抽出でうまくいったんですか．

A　二枚貝幼生全体ではうまくいきました．しかしイタヤガイ幼生は二枚貝全体の1/20くらいしか採れなかったので，あまり精度のよい分布図は描けませんでした．陸奥湾ではホタテガイ幼生は多量に出現しますが，山陰沖では予想していたほどイタヤガイ幼生が採れなかったのです．

T　それは残念でした．

A　それからホタテガイの殻頂期幼生は殻長300ミクロンくらいあるので比較的識別が容易ですが，イタヤガイの殻頂期幼生は殻長240ミクロンくらいで識別が難しいというような問題もありました．

T　いずれにしろプロジェクト研究は難しいですね．ところで図5・2に1/5抽出の理論的な信頼帯と，実際の実験データについての回帰直線が載っていますが，この違いは偏りなんでしょうか？

A　実際の二枚貝幼生は体積が0ではありませんから，2項分布に完全には従いません．そのためこのような違いが生じます．ずっと気になっていましたが，AIC（赤池の情報量規準）の考え方などを参考にすると，理論的な信頼帯が真のモデル，回帰直線がモデル選択によって選ばれたモデル，というような解釈もできるように思います．

T　ははあ．そうするとかなり重要な図ですね．

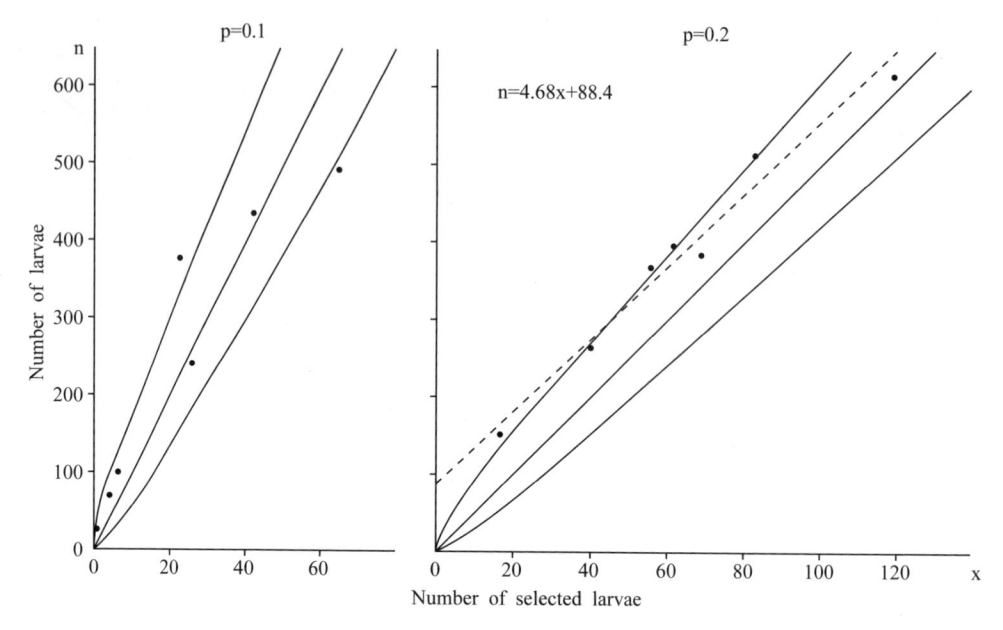

図5・2　抜きとり法の実験結果（nは全個体数，xは抽出された個体数，pは抽出率，赤嶺1981より）

5・2　ベイズ統計事始め

A　それから何年か経って，いろいろBASICプログラムを作っていくうち，このプログラムも作ろうと思いました．

T　2項分布を正規分布に近似すれば，xの95％確率区間が$\mu \pm 1.96\sigma$で与えられるから，簡単でしょう．

A　ええ．nの2次方程式

$$z = \frac{r - np}{\sqrt{np(1-p)}}$$

を解くだけなので簡単です．$z=1.96$を代入すれば95％信頼区間が求まります．これ以降は生態学の慣習に従って$r=x$とします．

T　何か補正が必要だったように思いますけど……

A　その通りです．半整数補正とか，連続補正とか呼ばれているものです．2項分布は離散分布ですが，正規分布は連続分布なので，両端で0.5だけ補正する必要があります．結局，推定式は

$$n = \frac{1}{p}\left\{r \pm 0.5 + \frac{z^2}{2}(1-p) \mp z\sqrt{(r \pm 0.5)(1-p) + \frac{z^2}{4}(1-p)^2}\right\} \quad (\text{a式})$$

となります．zの前のプラスマイナスを間違えやすいのですが，図5・1と同じような図を描けば大丈夫です．

T　何事も図を描いてチェックすることは重要なんですね．

A　ただしイタヤガイ幼生のように少数しか採集できないデータについては，正規分布近似はかなり危険です．そこで2項分布のままできるだけ厳密に求めようと考えました．そうすると各nについてチェックすることになるので，かなり面倒です．そこで縦方向の積分を考えたところ，アッと驚きました．

T　本当ですか？

A　ええ．本当です．

$$S_r = \sum_{n=r}^{\infty} \binom{n}{r} p^r (1-p)^{n-r} = \frac{1}{p}$$

という公式を知らなかったのです．それでこの公式を証明したところ，当時，遠洋水産研究所にいた平松一彦さんが別証を教えてくれました．

T　先ほどの図で考えると横方向の和が常に1で，中心の直線の傾きが$1/p$ですから，納得しやすい公式だと思います．

A　じつは1980年当初，縦方向の積分を考えたのですが，正規分布で考えたのでうまくいきませんでした．

T　なるほど．2項分布の方が正解だったんですね．

A　それで縦方向の分布を考えて，この95%確率区間を求めてみようと思いました．そのためには縦方向のnが一様分布しているという仮定が必要となるため躊躇していたところ，大学の先生が「ベイズ統計」という言葉を教えてくれました．

T　ははあ．最初はベイズ統計を知らなかったんですね．

A　ええ．それから従来の信頼区間と推定結果が大きく異なるとまずいので，

$$p\sum_{j=r}^{n-1} P(j,r) = \sum_{i=r+1}^{n} P(n,i), \quad P(n,r) = \binom{n}{r} p^r (1-p)^{n-r} \quad \text{（b式）}$$

を証明しました．これはrについての上側確率と，nについての下側確率がほぼ一致するという公式です．図5・3を参考にしてください．

T　これは図を見ないと理解しにくいですね．

A　この公式の証明はどうですか？

T　うーん，ちょっと手がつきませんけど．

A　組合せ数の有名な公式

$$\binom{n}{r} = \binom{n-1}{r-1} + \binom{n-1}{r}$$

が使えるはずです．

T　とりあえずやってみますと，

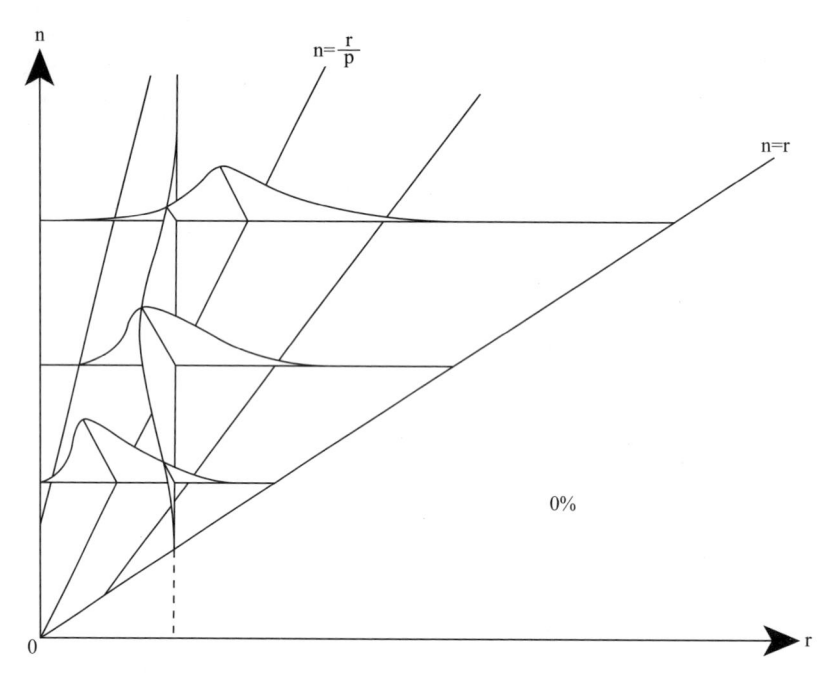

図 5・3　抽出法の信頼区間と事後分布の関係（赤嶺 1988b より）

$$P(n,r) = \binom{n}{r} p^r (1-p)^{n-r}$$
$$= \binom{n-1}{r-1} p^r (1-p)^{n-r} + \binom{n-1}{r} p^r (1-p)^{n-r}$$
$$= pP(n-1, r-1) + (1-p)P(n-1, r)$$

となりました．

A　これを r について，r から n まで足してみてください．

T　えーと……

$$\sum_{i=r}^{n} P(n,i) = pP(n-1, r-1) + \sum_{i=r}^{n-1} P(n-1, i)$$

となりました．ははあ，これは総和の漸化式ですね．

A　これを繰り返すとどうなりますか？

T　うーん，

$$\sum_{i=r}^{n} P(n,i) = p \sum_{j=r-1}^{n-1} P(j, r-1)$$

となりました．なるほど，ここで r を $r+1$ に書きかえれば OK ですね．

A　その通りです．ついでにここで $n \to \infty$ とすれば，左辺は 1 に近づくから最初の公式も求まりま

す．
T　それはちょっと心配です．
A　p が一定のとき n が大きくなると，r も大きくなるから大丈夫です．このとき2項分布は平均 np, 分散 $np(1-p)$ の正規分布に近づきます．つまり平均は n のオーダーで，標準偏差は $\sqrt{n}$ のオーダーで大きくなるから，変動係数は $1/\sqrt{n}$ のオーダーで小さくなって，r は平均の周りに集中してくるのです．もっと単純な一様分布でたとえると，

$$\lim_{n\to\infty}\frac{n-r+1}{n+1}=1$$

と同じことです．
T　ははあ．
A　心配なら直接証明してみましょうか．それほど難しくないですから．
T　先ほどの漸化式を使うのでしょうか？
A　そうですね．S_r について数学的帰納法を用いてみましょう．まず $r=0$ のときはどうなりますか？
T　えーと……，これは等比数列の和ですね．

$$S_0=\sum_{n=0}^{\infty}\binom{n}{0}p^0(1-p)^n=\sum_{n=0}^{\infty}(1-p)^n=\frac{1}{1-(1-p)}=\frac{1}{p}$$

となって簡単に求まりました．
A　次に先ほどの漸化式を，

$$P(n-1,r-1)=\frac{1}{p}P(n,r)-\frac{1-p}{p}P(n-1,r)$$

と書きかえると，$r-1$ 列の要素を r 列の要素で表せますから，$n=r, \cdots, \infty$ について両辺の総和を求めてみてください．
T　うーん．なるほど．

$$S_{r-1}=\sum_{n=r-1}^{\infty}P(n,r-1)=\frac{1-(1-p)}{p}\sum_{n=r}^{\infty}P(n,r)=S_r$$

となって求まりました．
A　それで図5・3の縦方向の分布，つまり n の事前分布として一様分布を仮定した場合，n の事後分布は図5・4のようになります．
T　なかなかきれいな分布ですね．これは誰が最初に見つけたのですか？
A　かなり後になって，Mangel & Beder (1985) が既にやっていたことを知りました．
T　またまた先を越されましたね．
A　ところが彼らは区間推定をモード（この場合は最尤推定値と一致します）から等距離になるように，つまり $[n_{\text{mode}}-n_a, n_{\text{mode}}+n_a]$ として行っています．これは Hilborn & Mangel (1997) も同様

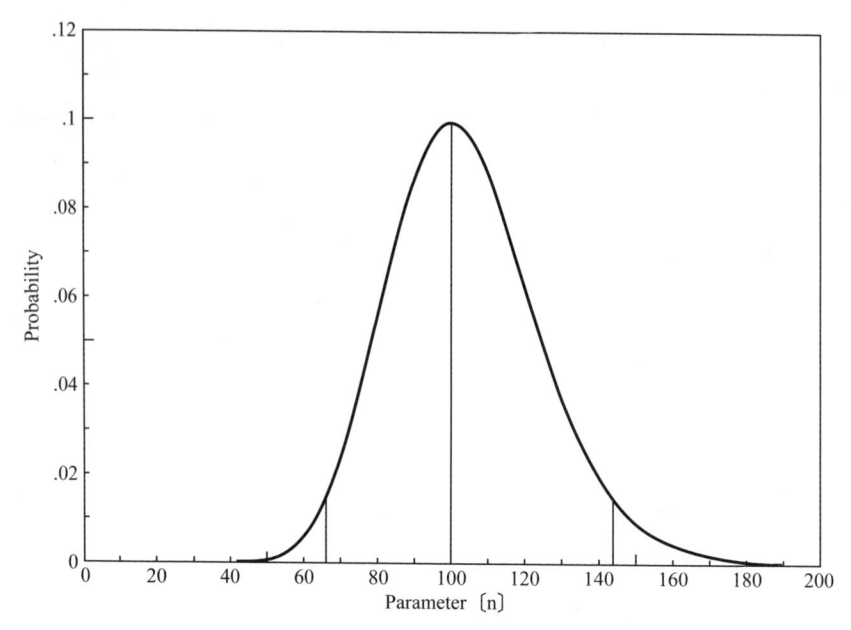

図5・4 抽出法の事後分布（赤嶺 1988b より）

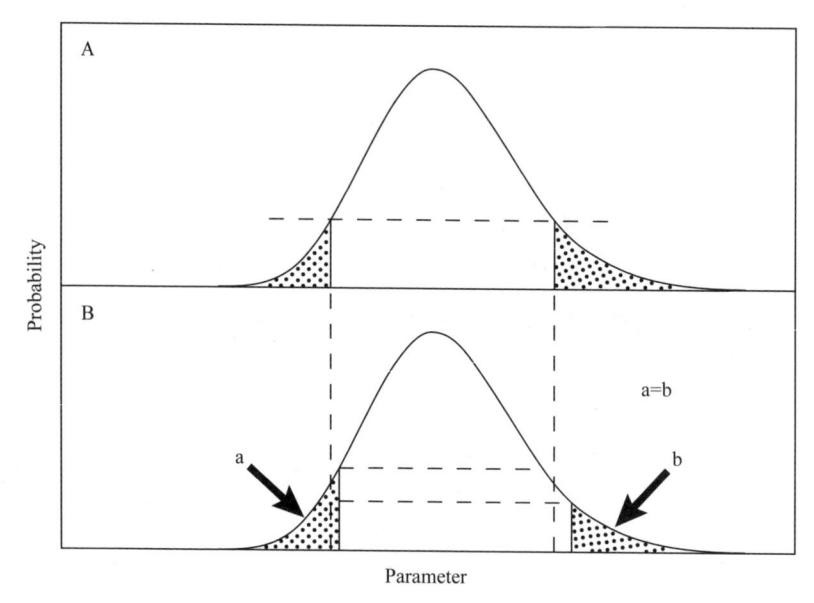

図5・5 確率区間の比較（赤嶺 1988b より）

です．

T これはかなり変な感じです．普通は片側$a/2$点を採用しますよね．

A ええ．どうして左右等距離にしたのか理解できません．片側$a/2$点とHDRの比較を図5・5に示します．学生時代に農学部の授業で「左右不対称な分布の区間推定で片側$a/2$点を用いるのは便宜的なので，本当はよくない」という話を聞いた記憶があります．

T　そうなんですか.
A　ベイズ統計の魅力は事後分布を具体的に描けることですから，区間推定ではHDRを用いるのがベストだと思います（図5・5）．これらについて赤嶺（1988a,b）とAkamine（1989a）にまとめました．

5・3　区画法の検討

T　ところで個体数推定の教科書として有名な久野英二先生の教科書（久野1986）に区画法（quadrat method）とあるのは抽出法と同じモデルですか？
A　ええ．その通りです．コドラート（方形枠）を用いた枠どり法は，ベントス調査で私も実際に使っていましたが，そちらの方はお手伝いでしたので，データ解析はしませんでした．抽出法だと意味が通じない場合が多いので，最近は枠どり法と呼ぶことにしています．
T　久野先生のこの教科書では，区間推定はほとんど $\mu \pm 1.96\sigma$ で行っているみたいですけど……
A　そうですね．誤差伝播則でパラメータの分散を推定するのは基本的手法ですが，区間推定するのであれば2次方程式を解く（a式）がベターでしょう．イタヤガイ幼生のように採集数が少ない場合には，2項分布で厳密に行うか，簡便法としてベイズ統計手法を用いるのがよいと思います．
T　そこですけど……，先生の方法と久野先生の方法は推定結果が異なるみたいです．
A　ああ，なるほど，そうかもしれませんね．少し検討してみましょうか．
T　p16の計算例です．調査範囲を2000区画に分け，そこから50区画を抽出調査しています．区画ごとの個体数 x が生データとして50個あります.
A　それではデータの度数分布表を作ってみてください．
T　それが基本ですね．やってみます．

個体数	0	1	2	3	4	5	6	8	16	17	合計
度数	9	11	11	7	3	3	2	2	1	1	50

総個体数は142なので x の平均は $E(x)=m=142/50=2.84$，x の不偏分散は $V(x)=11.59$ のようです．
A　平均値は素直なデータであれば中心極限定理によって正規分布に従うから，95%区間が求まりますね．
T　簡単なので，やってみます．

$$m \pm 1.96\sqrt{V(m)} = 2.84 \pm 1.96\sqrt{\frac{11.59}{50}} = 2.84 \pm 0.944$$

となるので，これを2000倍すればいいから，全体の個体数の95%信頼区間は，
$$5680 \pm 1887$$
です．この本では有限修正項で補正していますが，結果は同じです．
A　確かに私の方法と異なりますね．私の方法を大雑把に解説すると，50区画を1区画にまとめて2項抽出を仮定しています．抽出率は $p=50/2000=0.025$，採集された総個体数は $r=142$ です．全体の個体数の点推定値は $n=r/p=142/0.025=5680$ なので，2項分布の性質から

$$V(n) = V\left(\frac{r}{p}\right) = \frac{V(r)}{p^2} = \frac{np(1-p)}{p^2} = \frac{r(1-p)}{p^2} = 221520$$

となります．したがって n の 95%信頼区間は

$$n \pm 1.96\sqrt{V(n)} = 5680 \pm 1.96\sqrt{221520} = 5680 \pm 922$$

となってしまい，まったく異なる結果が得られます．先ほど示した公式はこれを高精度化したもので，具体的には n を未知数として 2 次方程式を解いて，連続補正を行ったものです．この場合，n が大きいほど分散も大きくなるから，信頼区間は n の上側で長くなります．

T　なるほど．それでどちらの方法が正しいのですか？

A　私の方法は生物がランダム分布している場合に枠どり法で採集すると，採集された個体数が 2 項分布に従うという仮定に基づいています．r の値だけでは判定できませんが，この例では x の値で判定できそうです．$E(x)=2.84$，$V(x)=11.59$ となっていますが，$p=0.0005$ と小さいので 2 項分布はポアソン分布になっています．つまり

$$E(x) = np \approx np(1-p) = V(x)$$

が成立しているはずですが，実際の値は大きく異なります．ですからランダム分布を仮定した私の方法はこのデータには不適切です．

T　ということは久野先生の方法が正しいのですね．

A　久野先生の方法は 2 項分布を仮定していませんから，すこしマシです．しかし度数分布表をよく見てください．採集個体数が 0 の区画が 9 つもある反面，16 と 17 という高密度の区画が 2 つあります．つまりこの生物は集中分布をしていると思われます．高密度区画の度数が 1 つ増減するだけで，平均値が大きく変動します．このようなデータに中心極限定理が成り立つと仮定して，大丈夫でしょうか？

T　うーん．ちょっと心配ですね．

A　これだけしか情報がないのであれば，ブーツストラップのようなリサンプリング手法で推定するのが妥当のように思いますが，50 区画も採集したのであれば，層別抽出に持ち込んだり，等密度線（contour）を描いたりして生息個体数を推定する方が無難だと思います．

T　なるほど．サンプリング計画と関係してくるわけですね．

A　ええ．生息個体数を推定するのが目的ですから，調査計画が最重要なのです．上手に調査域を分割して，その分割された領域内でランダム分布が仮定できるのであれば，私の方法が利用できます．得られたデータだけ持ってきて「信頼区間を出してくれ」と頼まれても困るわけです．

T　そうか．専門家に相談する場合は，調査後ではなくて，調査前に相談する必要があるんですね．

A　その方がよい結果が得られると思います．

5・4 ペテルセン法って何？

T 結局，今までの話は2項分布のパラメータ n についての区間推定だったんですね．

A ええ．したがって次はもうひとつのパラメータ p についての区間推定になります．これは「母比率の推定」として通常の統計学の教科書に載っています．先ほどと同様に横軸に r，縦軸に p をとった図を考えると，95％信頼帯を簡単に描くことができて，この図は久保・吉原（1957, 1969）にも載っています．

T このモデルが標識再捕法のモデルになるんですか？

A ええ．1回放流1回再捕の一番簡単なモデルです．資源尾数を N として，そのうち M 尾に標識を付けます．十分に混ざった後，n 尾再捕したところ r 尾に標識が付いていたとします．これから N を求める方法が Petersen 法です．ペテルセン法と発音するのが正しいみたいですが，水産ではピーターセン法と呼ばれています．

T 点推定は $N=Mn/r$ となって簡単ですね．

A 数理モデルとしては超幾何分布と一致します．超幾何分布は2項分布で近似できるので，標識率 $p=r/n$ を求め，$N=M/p$ として資源尾数 N を推定するわけです．

T なるほど．

A それで従来の方法は n を推定する（a式）と同様に，p についての2次方程式を解いて，半整数補正をすれば OK です．結局，

$$p = \frac{1}{n+z^2}\left\{r \pm 0.5 + \frac{z^2}{2} \mp z\sqrt{(r \pm 0.5)\left(1-\frac{r \pm 0.5}{n}\right)+\frac{z^2}{4}}\right\}$$

という推定式を得ます．実用上はこれで十分です．

T 納得しました．

A それでは次に先ほどと同様にベイズ統計の方法を考えてみます．

$$I = \int_0^1 P(p,r)\mathrm{d}p = \int_0^1 \binom{n}{r}p^r(1-p)^{n-r}\mathrm{d}p$$

の値は分かりますか．

T これはベータ関数ですね．教科書にある公式を使うと，

$$I = \binom{n}{r}\int_0^1 p^r(1-p)^{n-r}\mathrm{d}p = \binom{n}{r}\mathrm{B}(r+1,n-r+1) = \binom{n}{r}\frac{\Gamma(r+1)\Gamma(n-r+1)}{\Gamma(n+2)} = \frac{1}{n+1}$$

となります．ここでガンマ関数の公式 $\Gamma(x+1)=x!$ を使いました．横軸に r，縦軸に p をとった図において横方向は $r=0,\cdots,n$ なので，$n+1$ 個の整数があるから，これは自然な結論のように思われます．

A よくできました．この場合にも（b式）と同様に，

$$(n+1)\int_0^p P(t,r)\mathrm{d}t = pP(p,r) + \sum_{i=r+1}^n P(p,i)$$

という式が成立します．これは r についての上側確率と，p についての下側確率がほぼ一致するという公式です．

T 何だか難しそうですね．

A じつは部分積分を用いれば簡単に導けます．小寺平治先生の演習書（小寺1986）のp74とp103にある例題と本質的に同じものです．

T ははあ．前者は2項分布とベータ分布，後者は2項分布と F 分布の関係式になっていますね．

A それで p が一様分布するという事前分布を採用すれば，従来の方法と同じような区間推定を与えるベイズ統計モデルが作れます．このとき p の事後分布はベータ分布です．

T 抽出法における n の事後分布には名前がありませんでしたが，ピーターセン法における p の事後分布はベータ分布なんですね．

A その通りです．じつはこのモデルはトーマス・ベイズが最初にベイズの定理を導いたモデルです．現在のベイズの定理は後にラプラスが一般化したものです．

T だとすると，ベイズ統計の本家本元ですね．

A ピーターセン法は正確には超幾何分布で表せますから，そちらの方に話を進めます．超幾何分布

$$P(N,M,r) = \frac{\binom{M}{r}\binom{N-M}{n-r}}{\binom{N}{n}} = \binom{n}{r}\frac{M^{(r)}(N-M)^{(n-r)}}{N^{(n)}}$$

において，

$$\sum_{r=0}^{n} P(N,M,r) = 1$$

は OK ですか？

T えーと，確か，2項定理の掛け算だったような……

A そうですね．

$$(1+x)^a (1+x)^b = (1+x)^{a+b}$$

において，x^n の係数を比較すると，

$$\sum_{i=0}^{n} \binom{a}{i}\binom{b}{n-i} = \binom{a+b}{n}$$

を得ます．

T そうでした．

A ところで，超幾何分布のパラメータ N の不偏推定量は存在しません．証明は意外と簡単です．N の不偏推定量を $f(r)$ と仮定します．当然ですが，$f(r)$ は N を含みません．不偏推定量の定義より，

$$E(f(r)) = \sum_{r=0}^{n} f(r) P(N, M, r) = N$$

となります．これを N の多項式としてながめると，$f(r)$ は 0 次式，$P(N, M, r)$ の分子は $n-r$ 次式で分母は n 次式，N は 1 次式だからこの等式は成立しません．

T なるほど．確かにそうですね．

A これより 2 項分布の $1/p$ や，ポアソン分布の $1/\lambda$ の不偏推定量も存在しないことが分かります．

T そうか．逆に超幾何分布の $1/N$，2 項分布の p，ポアソン分布の λ の不偏推定量は存在するわけですね．合点しました．

A それで超幾何分布についても 2 項分布と同様にベイズ統計モデルを考えます．N が一様分布に従うという事前分布を仮定すると，2 項分布の場合とはまったく異なった事後分布が得られてしまうので駄目です（図 5・6）．

T 確かに，これは駄目でしょうね．

A そこで 2 項分布の場合と同じような事後分布が得られる N の事前分布を考えます．$p = M/N$ を微分すると，

$$\mathrm{d}p = -\frac{M}{N^2} \mathrm{d}N$$

となります．したがって確率の変換式は

$$P(p)\mathrm{d}p = P(N) \frac{M}{N^2} \mathrm{d}N$$

となります．これをヒントにして，

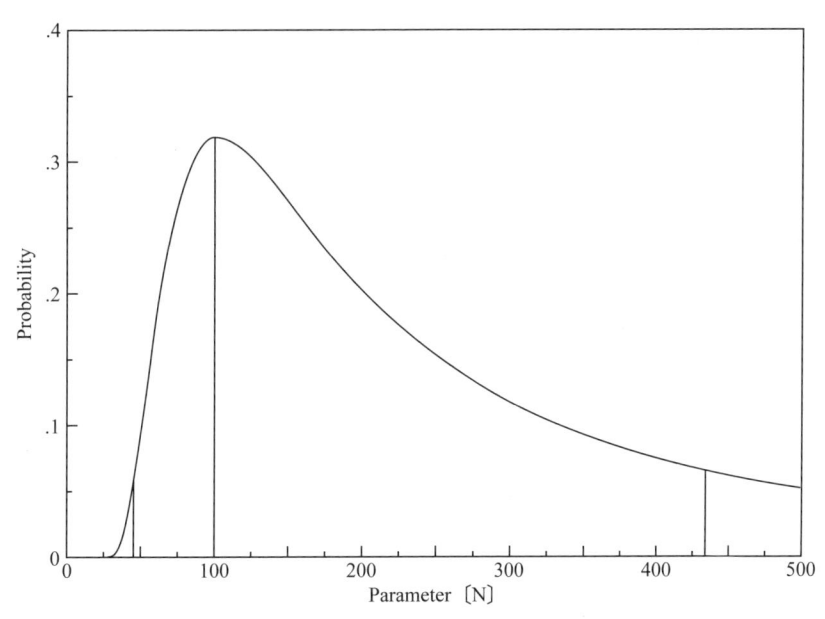

図 5・6 超幾何分布において N の事前分布を一様分布とした場合の事後分布（赤嶺 1989a より）

$$\pi(N) = \frac{M+1}{(N+2)(N+1)}$$

という事前分布を採用すると，

$$\sum_{N=M+n-r}^{\infty} \frac{M+1}{(N+2)(N+1)} P(N,M,r) = \frac{1}{n+1}$$

および，

$$\sum_{j=N}^{\infty} \frac{(n+1)(M+1)}{(j+2)(j+1)} P(j,M,r) = \frac{M+1}{N+1} P(N,M,r) + \sum_{i=r+1}^{n} P(N+1,M+1,i)$$

という公式が導けます．

T　えらく難しそうな式ですね．

A　2項分布のアナロジーなので，見た目ほど難しくないです．ただし2つ目の公式を得るのに随分と時間がかかってしまいました．部分和分公式を用いるのですが，部分積分と違って2通りの公式が得られます．2つの公式を導くのに，それぞれの部分和分公式が必要だったのです．

T　それは盲点でしたね．

A　ところで問題は，事前分布が一様分布と異なってしまった点です．

T　それほど問題とは思えませんけど．

A　事前分布が一様分布の場合，事後分布は最尤法と相性がよくて，事後分布のモードが最尤推定値になります．しかしそうでない場合は異なってしまいます．

T　それは分かります．

A　そうすると2項分布でやった場合と，超幾何分布でやった場合とでは事後分布のモードが異なってしまうのです．

T　それは困りましたね．

A　それを防ぐためには，横軸を N ではなく，$\sum \pi(N)$ にする必要があります．そうすると2項分布の場合と整合性のよい事後分布が得られますが，通常のベイズ統計とは事後分布の解釈が異なってしまいます（図5・7）．

T　うーん．難しくてよく分かりません．

A　まぁ，区間推定には影響が小さいので，簡便法として割り切って使うのも一法です．これらについて赤嶺（1988d, 1989a, 2001, 2002）と Akamine（1989b）にまとめました．Akamine（1989b）は一行だけですが，Seber（1992）に引用されました．

T　これはジョリー・セーバー法のセーバー先生ですか．

A　ええ．この方面の大家です．超幾何分布の事前分布が他と異なっていたので引用してくれたのだと思います．セーバー先生はベイズ統計手法と従来の方法を比較することが重要だと書いていますが，超幾何分布の事前分布に他の分布を仮定すると，従来の方法と整合性が悪くなるのは明らかです．

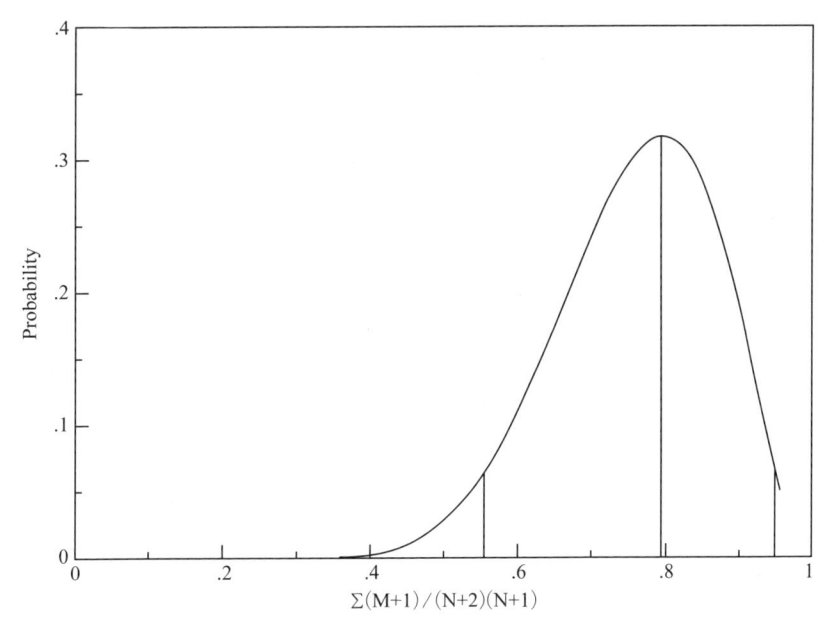

図5・7 超幾何分布における修正した事後分布（Akamine 1989bより）

T そうですね.

A たとえばManly（1997）では, Mを標識尾数, Uを無標識尾数, rを再捕された標識尾数, uを再捕された無標識尾数, sを再捕率として,

$$P(r,u;U,s) = \binom{M}{r}s^r(1-s)^{M-r}\binom{U}{u}s^u(1-s)^{U-u}$$

という確率モデルを考え, Uとsの事前分布をそれぞれ一様分布と仮定してMCMC法を適用しています.

T 「ピーターセン法＝超幾何分布」だと思っていましたが, こんなモデルもあるんですか？

A これは再捕率sが同じであれば, 時間や場所が異なっていても差し支えないというモデルなので, ピーターセン法とは異なります.

T それでも教科書に載ってしまうんですね.

A そもそも標識再捕法で資源量を推定するのは, バイアスが大きすぎて無理だという指摘もあるので, 注意して用いる必要があります.

5・5 デルーリー法は使えるか？

T その後, デルーリー法を検討したわけですか？

A ええ. デルーリー法は除去を繰り返すことによって, nとpを同時推定する方法ですから, 自然な流れでした.

T 久野先生の教科書によりますと, 2項分布に基づく方法と回帰モデルの2つがあって, 久野先生は後者を勧めていますね.

A　そうですね．デルーリー法については田中昌一先生の水産資源学総論（田中1985）においても，信頼域が非常に長くなっていて，「qとN_0を別々に精度高く推定することは困難である」と書かれています．土井長之先生は水産資源力学入門（土井1975）で「総漁獲量≒資源量ということを言っているのみである．……庭の池の中の鯉や金魚にはあてはめ得ても，実際の漁業に対しては実用価値はない」と酷評しています．

T　なかなか厳しいですね．

A　ここでは2項分布に基づく方法について解説します．初期資源尾数をn，努力量あたり漁獲率をpとおくと，このモデルは

$$L = \prod_{i=1}^{m} P_i, \qquad P_i = \binom{n_i}{r_i} p_i^{n_i}(1-p_i)^{n_{i+1}}$$

$$n_i = n - R_{i-1}, \qquad R_i = \sum_{k=1}^{i} r_k, \qquad p_i = x_i p$$

と表されます．r_iは漁獲尾数，R_iは累積漁獲尾数，p_iは漁獲率，x_iは努力量です．とくに$x_i \equiv 1$と限定したモデルを除去法と呼んでいます．

T　2項分布の積のモデルですね．Lは尤度関数ですから，最尤法で点推定ができて，尤度比検定で区間推定ができますね．

A　その通りです．それについては簡単だったので，ベイズ統計モデルを考えました．今までと同様にnとpのそれぞれに事前分布として一様分布を仮定したところ，事後確率の総和が∞となってしまって，事後確率が計算できませんでした．

T　それは困りましたね．でもnの上限を有限値にすればOKでしょう．

A　その通りですが，そうすると今までの方法と整合性がとれなくなります．じつは多次元であれば有限の値になるのですが，2次元なので∞になってしまうのです．どっちみち2次元以上では事後分布におけるHDRの計算が非常に面倒なので，ベイズ統計は早々に諦めてしまいました．かわりに正規分布近似してzの値で信頼域を作図する簡便法を考えました．それがAkamine (1990)です．ところがこれが大失敗でした．

T　といいますと？

A　zの積集合を考えたのですが，通常の信頼域と異なってしまったのです．それで平松さんが東大の岸野洋久先生に相談してくれて，偏りのない推定方法を導いてくれました．

T　それはどんな方法ですか？

A　結果的に重みつき最小2乗法を一般化したもので，

$$Y = \sum_{i=1}^{m} z_i^2 = \sum_{i=1}^{m} \frac{(r_i - n_i p_i)^2}{n_i p_i (1 - p_i)}$$

の最小値を求める方法です．もちろん岸野先生は尤度比検定から部分尤度を用いて導いています．

T　やはり餅は餅屋ですね．

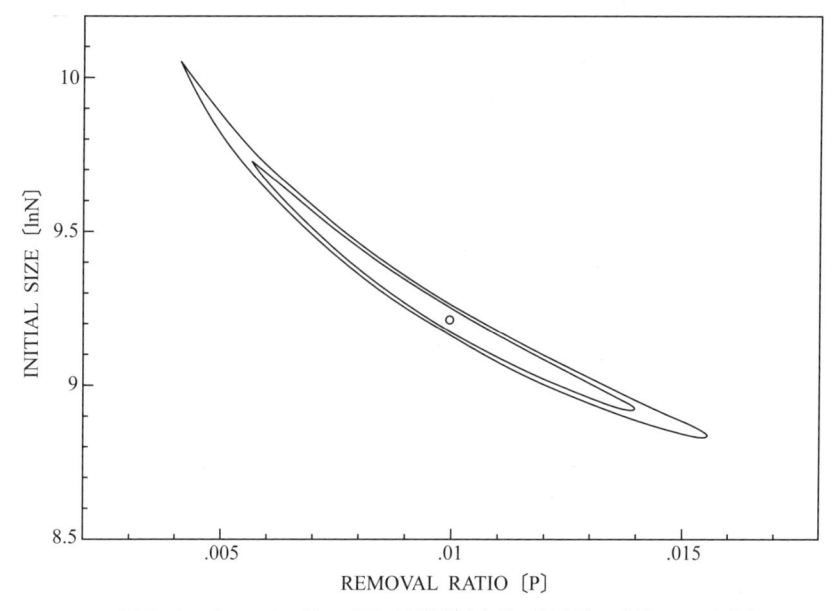

図 5・8 デルーリー法の 95% 信頼域（内側の閉曲線，赤嶺 1990 より）

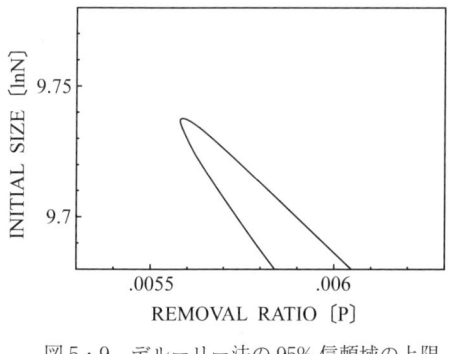

図 5・9 デルーリー法の 95% 信頼域の上限
（赤嶺 1990 より）

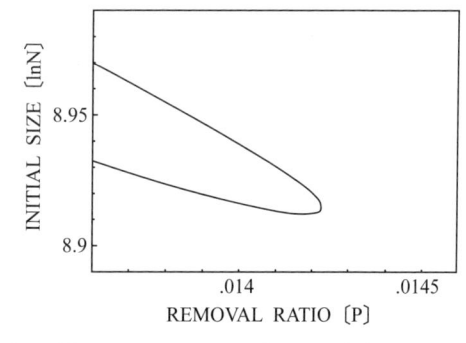

図 5・10 デルーリー法の 95% 信頼域の下限
（赤嶺 1990 より）

A 後で調べたら，この式自体は Zippin（1956）が既にカイ 2 乗最小化法として提示していました．

T またしても文献の検索不足でしたか．

A ところで $m=1$ のとき，この式では最小解が $r=np$ という曲線となるので合理的ですが，最尤法では $(p, n) = (1, r)$ が最大値となってしまって不合理です．これが偏りの原因です．

T 1 回しか採集しないのに，最尤法では解が求まってしまうんですね．

A この話は赤嶺（1989c, 1990）と Akamine *et al.* (1992) にまとめました．

T この当時は 2 次元平面 (p, n) において XY プロッターで等高線を描いて信頼域を求めていますね（図 5・8 〜 10）．

A 今ならいいソフトがたくさんありますから簡単に描けます．もちろん表計算ソフトで描いたり，解いたりできます．

T これだけ信頼領域が細長いと，確かに実用価値は低そうです．

A　ええ．でも，このモデルであれば除去は2回でOKですから，工夫次第で何とかなるかもしれません．

T　歴史的にはどうだったんですか．

A　Moran（1951），Zippin（1956），Schnute（1983）が除去法について最尤法で推定しています．とりわけZippin（1956）は優れた論文だと思います．久保・吉原（1957）ではMoran（1951）が紹介されていたのに，1969年の改訂版では削除されています．

T　回帰モデルの方が実用性が高いと判断されたんでしょうか．

A　回帰モデルにしてもnとpを同時推定するのは難しいと思います．ここで問題にしたいのはシュヌートが自由度1のカイ2乗分布で検定していることです．

T　nとpを同時推定しているのだから，自由度は2だと思いますけど……

A　帰無仮説を

$$H_0 : n = n_0, \quad p = p_0$$

とした場合は自由度2で，

$$H_0 : n = n_0$$

とした場合は自由度1です．これについては岸野（1999）の図4.11が参考になります．

T　確かに初期資源尾数nだけに関心があるのなら，このような方法もあるかもしれませんけど，なんだか気持ち悪いですね．

A　ええ．デルーリー法ではnとpを同時推定しているので，自由度2として95％信頼域を求めるのが普通だと思います．最尤法では2曲線

$$\frac{\partial L}{\partial n} = 0, \quad \frac{\partial L}{\partial p} = 0$$

の交点を求めて点推定を行いますが，シュヌートは曲線

$$\frac{\partial L}{\partial p} = 0$$

上でnの区間推定を行っています．それで勘違いしたのかもしれません．

T　ピーターセン法やデルーリー法は，内水面のような閉鎖水域であれば何とか使えそうですが，海面漁業に関する調査では難しそうですね．

A　調査期間が長くなると自然死亡や移出入の影響も出てくるので，短期間でないと難しいでしょう．ただし資源量推定は難しいのですが，生物調査としてみれば多くの情報が得られるので，標識再捕法や除去法は有効な方法だと思います．

T　確かに久野先生も書かれているように，単純な回帰モデルなどを工夫して用いる方が現実的かもしれませんね．

A　今回，扱ったモデルはすべて2項分布に関連したものです．したがってこれらのモデルに従っ

たデータが得られる場合には，非常に有効な手法だと思います．

T　なるほど．最初に話されたイタヤガイ幼生の計数みたいなデータですね．統計モデルを使うには，その仮定が十分に満たされるように実験設定することが重要なんですね．

A　そうです．実際の生物調査では区画法のところで述べたように，対象生物はランダム分布ではなくて集中分布していることが多いので，その点はとくに注意が必要です．

6. ベイズ統計と生態学

T君 最近また面白そうな本を見つけました．

A先生 なかなか勉強熱心ですね．昔はなかなか面白い本に巡り会わなかったものです．

T 本当ですか？

A ははは，冗談です．でも，読むべき本が少なかったので，良書を精読するという感じでした．今はちょっと変な本が多すぎるような気がします．

6・1 ポアソン分布

T 見つけてきた本は Clark (2007) です．617 ページもあります．

A アフリカ象の写真が表紙ですね．ネットで見た記憶があります．生態学の教科書は分厚いものが多いから，これくらいの分量でも驚きませんが，プリンストン大学から出ているのなら内容も立派なんでしょうね．

T でも先生が批判された Quinn & Deriso (1999) はオックスフォードから出てましたよ．

A ああ，そうでした．ということはこの本にも問題があるわけですね．

T ええ．いくつか引っかかる部分があります．まず図 D.8. で，ガンマ関数 $\Gamma(a)$ と階乗 $a!$ を比較しています．

A それは変ですね．ガンマ関数は階乗の拡張で，$\Gamma(a+1)=a!$ だから，比較するのであれば $\Gamma(a+1)$ と比較すべきで，そうすればガンマ関数が階乗の自然な拡張であることが実感できます．確かにこんな図を載せるようでは心配ですね．

T それで一番変に感じたのは 99 ページのポアソン分布の信頼区間です．従来の古典的な方法と，尤度比検定を用いた方法と，フィッシャー情報量を用いた方法と，ベイズ統計の方法の4つを比較しているのですが，ベイズ統計の方法だけ値が大きく異なっています．

A うーん．最初の3つは従来の統計学の枠組みに含まれるので，ベイズ統計だけが大きく異なるのは不思議ではありませんが，事前分布として一様分布を採用しているから，これだけ結果が異なるのは確かに変ですね．ところで従来の古典的な方法を正しく説明できますか？

T えーと，まずパラメータ θ について帰無仮説

$$H_0 : \theta = \theta_0$$

をたてます．ここで確率変数 x について両側の $\alpha/2$ 点を求め，その範囲内に実際のデータが含まれる限界の θ_0 を求めれば，それが θ の信頼区間の上限と下限を与えます．

A そうですね．帰無仮説をたてて検定を行い，それによって信頼限界を求める方法です．それか

らポアソン分布は OK ですか？
T　ええ，98 ページに載っています．変数を通常の教科書と同じに書くと，
$$P(x, \lambda) = \frac{\lambda^x e^{-\lambda}}{x!}$$
となります．
A　これが確率分布であることの証明は？
T　簡単です．
$$\sum_{x=0}^{\infty} P(x, \lambda) = e^{-\lambda}\left(1 + \lambda + \frac{\lambda^2}{2} + \frac{\lambda^3}{3!} + \cdots\right) = e^{-\lambda} e^{\lambda} = 1$$
となって，指数関数のテイラー展開そのものです．
A　よくできました．それではパラメータ λ について $0 \sim \infty$ まで積分してみてください．
T　えー？　そうか，ガンマ関数の定義を使えば簡単です．
$$\int_0^{\infty} P(x, \lambda) d\lambda = \frac{1}{x!}\int_0^{\infty} \lambda^x e^{-\lambda} d\lambda = \frac{1}{x!}\Gamma(x+1) = 1$$
A　簡単すぎましたか．では部分積分できちんとやってみてください．
T　うーん．
$$\Gamma(x+1) = \int_0^{\infty} \lambda^x e^{-\lambda} d\lambda$$
$$= \left[-\lambda^x e^{-\lambda}\right]_0^{\infty} + x\int_0^{\infty} \lambda^{x-1} e^{-\lambda} d\lambda$$
$$= 0 + x\Gamma(x)$$
となって，最後は
$$\Gamma(2) = \Gamma(1) = \left[-e^{-\lambda}\right]_0^{\infty} = 1$$
となるから OK です．
A　これは 1!=0!=1 ですね．
T　そうか．今までどうして 0!=1 なのか不思議に思っていました．
A　これは組合せ数
$$\binom{a}{b} = \frac{a!}{b!(a-b)!}$$
において，$a=b$ のとき
$$\binom{a}{a} = \frac{a!}{a!0!} = 1$$

となるから，0!=1 でないと困るわけです．

T なるほど．うっかりしていました．

A パラメータ λ について積分すると 1 になるから，これも確率分布で，ガンマ分布の基本形です．

6・2 尤度比検定を用いた区間推定

T それでこのクラーク本では $x=2$ のときに λ の 68％信頼区間を求めています．

A 68％とは半端な数字ですね．

T 正規分布において区間 $[\mu-\sigma, \mu+\sigma]$ の面積です．理解しやすいように配慮したのだと思います．区間推定のためには 16％点と 84％点を求めればよくて，結果は

従来の古典的な方法	0.72 〜 4.62
尤度比検定を用いた方法	0.91 〜 3.75
フィッシャー情報量を用いた方法	0.59 〜 3.41
ベイズ統計の方法	1.37 〜 4.62

となっています．

A 確かにベイズ統計だけ下限が大きくて $\lambda=1$ を含んでいませんね．他に気のつく点は？

T 古典的方法とベイズ統計の上限が一致しています．それ以外は特に……

A $x=2$ なので，最尤法における λ の点推定は $\lambda=2$ です．先ほどのポアソン分布の式に $x=2$ を代入してみてください．

T 簡単です．

$$P(2,\lambda) = \frac{\lambda^2 e^{-\lambda}}{2}$$

です．

A これを最大にする λ の値は？

T λ で微分すればいいから，えーと……

A 積の微分は対数微分が基本です．この場合は尤度よりも対数尤度を用いればいいわけです．

T そうでした．

$$Y(2,\lambda) = \ln P(2,\lambda) = 2\ln\lambda - \lambda - \ln 2$$

これを λ で微分して 0 とおくと，

$$Y'(2,\lambda) = \frac{2}{\lambda} - 1 = 0$$

となるから，$\lambda=2$ が求まりました．

A これが最尤法です．これから先ほどの表を見てみると……

T あ，フィッシャー情報量を用いた方法では信頼区間が 2 ± 1.41 となっていて，左右対称です．

A その通りです．最尤法では対数尤度の点推定値における 2 階微分の値の絶対値をフィッシャー情報量と呼び，その逆数が点推定値の分散に漸近します．

T それでは 2 階微分を求めてみます．

$$Y''(2, \lambda) = -\frac{2}{\lambda^2} < 0$$

なので，これに $\lambda = 2$ を代入すると，$Y''(2, 2) = -1/2$ となります．したがって点推定値における λ の分散は 2 です．

A　じつはポアソン分布では x の平均と分散はともに λ ですから，x の分散も

$$\sigma^2 = \mu = \lambda = 2$$

です．

T　なるほど．それで λ の 68% 信頼区間は

$$\mu \pm \sigma = 2 \pm \sqrt{2} = 2 \pm 1.41 = 0.59,\ 3.41$$

となります．クラーク本の値と一致しました．

A　よくできました．この方法で 95% 信頼区間を求めるとどうなりますか？

T　$\mu = 2 \pm 1.96 \times 1.41 = 2 \pm 2.76 = -0.76,\ 4.76$ となって，負の値が出てきてしまいました．

A　フィッシャー情報量は簡単に計算できますが，解の近傍の局所的な値なので，区間推定のような大局的な推定には向かない，ということですね．では次に尤度比検定を用いた方法を検討してみましょう．

T　尤度比検定を実際に使ったことはないんですけど．

A　点推定は最尤法，区間推定は尤度比検定が基本です．ただし偏りが生じる場合があるので，そのような場合は不偏推定量に修正したりします．

T　その話は何回か聞いた気がします．

A　尤度の比は対数尤度の差です．最初に点推定値の尤度を求めてください．

T　表計算ソフトでは組込み関数

$$\text{POISSON}(x, \lambda, \text{FALSE})$$

でポアソン分布の確率が求まります．FALSE のところを TRUE にすると 0 から x までの累積確率になります．FALSE の方を用いて計算すると，$x = \lambda = 2$ だから

$$\text{POISSON}(2, 2, \text{FALSE}) = 0.270671$$

です．

A　この自然対数は？

T　$\ln(0.270671) = -1.30685$ です．

A　では次に $\lambda = 0.91,\ 3.75$ の対数尤度を求めてください．

T　同様にして

$$\text{POISSON}(2, 0.91, \text{FALSE}) = 0.166665$$
$$\text{POISSON}(2, 3.75, \text{FALSE}) = 0.165359$$

となるので，自然対数をとると，

$$\ln(0.166665) = -1.79177$$
$$\ln(0.165359) = -1.79964$$

となります．

A 点推定値との差はいくつですか？

T 0.48492 と 0.49279 です．だいたい 0.5 です．

A ちょっと下限の値の精度が悪いようですが，点推定値における対数尤度よりも 0.5 だけ小さい範囲が 68％信頼区間になっていますね．

T それはどうしてですか？

A 尤度比検定では，尤度比を Λ とおくと，$-2\ln\Lambda$ がカイ 2 乗分布に漸近的に従うことを用います．この場合，パラメータは λ だけですからカイ 2 乗分布の自由度は 1 です．標準正規分布の確率変数を X とおくと，X^2 の分布がこれです．$-1 \leq X \leq 1$ となる確率が 68％だから，$X^2 \leq 1$ となる確率も 68％です．したがって $-2\ln\Lambda = 1$ を解けば 68％信頼区間が求まります．

T なるほど．$-\ln\Lambda = 0.5$ だから，対数尤度の差が 0.5 になるわけですね．

A そういうことです．95％信頼区間を求める場合は，$1.96^2 = 3.84$ だから，$-2\ln\Lambda = 3.84$ を解けばいいわけです．尤度比検定とフィッシャー情報量は中心極限定理から導くことができます．これらについては赤嶺（2007）に解説しましたが，なかなか簡単に説明することが難しくて，より専門的には廣津千尋先生の解説（廣津 1992）を読んでください．

6・3 従来の古典的な区間推定

T では次に従来の古典的な帰無仮説を用いる方法を検討してみます．

A クラーク本の信頼区間 $\lambda = 0.72$ と 4.62 について表計算ソフトで計算してみてください．

T 先ほどの 2 つの組込み関数を用いると，表 6・1 のようになりました．

A どうですか？ 何か変な感じがしませんか．

T $\lambda = 0.72$ の方では $P(0)+P(1)=84\%$ で，$x=2$ は上側 16％に含まれています．$\lambda = 4.62$ の方では $P(0)+P(1)+P(2)=16\%$ で，$x=2$ は下側 16％に含まれていますから，何の問題もありません．正確に 68％信頼区間が求まっていると思います．

A 実は問題が 2 つあります．ひとつは信頼域ではなく，棄却域を求めていることです．連続モデルでは両者の境界は接していますが，離散モデルでは離れています．もうひとつは $\lambda = 0.72$ の場合，分布が右下がりになっています．このような場合に片側 $\alpha/2$ 点で区間推定してよいか，という問題です．

T ははあ．具体的にどうすればいいのでしょうか？

A 最初に，より適切な片側 $\alpha/2$ 点を求めてみましょう．下限は $P(0)+P(1)+P(2)=84\%$ になるように，上限は $P(0)+P(1)=16\%$ になるようにしてください．

T それではそのように変更します（表 6・2）．あれえ，下限の値はベイズ統計の下限値と一致しました．何かあるんでしょうか？

A それについては後で検討することにして，一応，

表 6・1 ポアソン分布の値（その 1）

	$\lambda=0.72$		$\lambda=4.62$	
x	確率	累積確率	確率	累積確率
0	0.486752	0.486752	0.009853	0.009853
1	0.350462	0.837214	0.04552	0.055373
2	0.126166	0.96338	0.105151	0.160524
3	0.03028	0.99366	0.161933	0.322456
4	0.00545	0.99911	0.187032	0.509488
5	0.000785	0.999895	0.172818	0.682306
6	9.42E-05	0.999989	0.13307	0.815376
7	9.69E-06	0.999999	0.087826	0.903202
8	8.72E-07	1	0.050719	0.953921
9	6.97E-08	1	0.026036	0.979957
10	5.02E-09	1	0.012029	0.991986

便宜的ですが従来の古典的な68％信頼区間として $\lambda = 1.37 \sim 3.29$ が求まりました．$x = 2$ を棄却域から信頼域に変更することによって，かなり信頼区間を短くできましたね．

T ええ．下限の値がこんなに大きくなるとは意外でした．ベイズ統計の値もそれほど的外れではなかったのですね．

A 区間推定の基本は最高密度区間 HDR（Highest Density Region）です．HDR 内の任意の点の確率を $P(x)$，HDR 外の任意の点の確率を $P(y)$ とおくと，常に $P(x) > P(y)$ です．このとき HDR は最短となります．

T それは OK です．

A $x = 2$ がデータなので，λ が真のとき $P(2, \lambda)$ は 68％ HDR に含まれます．したがって $P(x, \lambda) \geq P(2, \lambda)$ を満たす $P(x, \lambda)$ の総和を求め（これは $x = 2$ を含みます），その総和が 68％ 以下であれば，その λ は 68％信頼区間に含まれます．そうでない場合は含まれません．

T 何だか分かりにくい話ですけど，とりあえずやってみます（表6・3）．下限（$\lambda = 1.42$）では $P(0) < P(2)$ だから $P(2)$ 以上の HDR は $P(1) + P(2) = 59\%$ です．$\lambda = 1.41$ に下げると $P(0) > P(2)$ となるので $P(2)$ 以上の HDR は $P(0) + P(1) + P(2) = 83\%$ となってしまってアウトです．上限（$\lambda = 3.91$）では $P(5) < P(2)$ だから $P(2)$ 以上の HDR は $P(2) + P(3) + P(4) = 55\%$ です．$\lambda = 3.92$ に上げると $P(5) > P(2)$ となるので $P(2)$ 以上の HDR は $P(2) + \cdots + P(5) = 70\%$ となってしまってアウトです．えらく面倒ですね．結局，HDR を用いた信頼区間は $\lambda = 1.42 \sim 3.91$ です．

A パラメータの値につれて確率区間が不連続に変化するからやっかいですね．ポアソン分布や2項分布のような離散分布では連続分布と違って，信頼域が不連続な飛び石状になる場合もあるので注意が必要です．

T えっ？ 不連続な飛び石状って，どういうことですか？

A 百聞は一見にしかずですから，試しに $\lambda = 4.2$ を入れてみてください．

表6・2 ポアソン分布の値（その2）

	$\lambda = 1.37$		$\lambda = 3.29$	
x	確率	累積確率	確率	累積確率
0	0.254107	0.254107	0.037254	0.037254
1	0.348127	0.602233	0.122565	0.159819
2	0.238467	0.8407	0.20162	0.361439
3	0.1089	0.9496	0.22111	0.582548
4	0.037298	0.986898	0.181863	0.764411
5	0.01022	0.997118	0.119666	0.884077
6	0.002333	0.999451	0.065617	0.949693
7	0.000457	0.999908	0.03084	0.980533
8	7.82E-05	0.999986	0.012683	0.993216
9	1.19E-05	0.999998	0.004636	0.997852
10	1.63E-06	1	0.001525	0.999378

表6・3 ポアソン分布の値（その3）

	$\lambda = 1.42$		$\lambda = 3.91$	
x	確率	累積確率	確率	累積確率
0	0.241714	0.241714	0.020041	0.020041
1	0.343234	0.584948	0.078358	0.098399
2	0.243696	0.828644	0.153191	0.251589
3	0.115349	0.943993	0.199658	0.451248
4	0.040949	0.984943	0.195166	0.646414
5	0.01163	0.996572	0.15262	0.799034
6	0.002752	0.999324	0.099457	0.898491
7	0.000558	0.999883	0.055554	0.954045
8	9.91E-05	0.999982	0.027152	0.981197
9	1.56E-05	0.999997	0.011796	0.992993
10	2.22E-06	1	0.004612	0.997605

表6・4 ポアソン分布の値（その4）

	$\lambda = 4.2$	
x	確率	累積確率
0		0.014996	0.014996
1	0.062981	0.077977
2	0.132261	0.210238
3	0.185165	0.395403
4	0.194424	0.589827
5	0.163316	0.753143
6	0.114321	0.867464
7	0.068593	0.936057
8	0.036011	0.972068
9	0.016805	0.988873
10	0.007058	0.995931

T　それでは上限だけ変更してみます（表6・4）．あれえ，$P(2)$ 以上の HDR は $P(2)+\cdots+P(5)=75.3-7.8=67.5\%$ となってしまって，信頼区間に含まれてしまいました．$\lambda=3.92$ は信頼区間に含まれなかったのに，$\lambda=4.2$ まで上げるとまた信頼区間に含まれるのですね．同様に $\lambda=4.3$ も含まれますが，$\lambda=4.4$ にすると $P(6)>P(2)$ となってしまうので，$P(2)$ 以上の HDR は $P(2)+\cdots+P(6)=84.4-6.6=77.8\%$ となってアウトです．

A　それでは飛び石的な信頼区間も正確に求めてみてください．

表6・5　ポアソン分布の値（その5）

	$\lambda=4.16$		$\lambda=4.35$	
x	確率	累積確率	確率	累積確率
0	0.015608	0.015608	0.012907	0.012907
1	0.064927	0.080535	0.056145	0.069051
2	0.135049	0.215584	0.122115	0.191166
3	0.187268	0.402852	0.177066	0.368232
4	0.194759	0.597611	0.192559	0.560792
5	0.162039	0.75965	0.167527	0.728318
6	0.112347	0.871997	0.121457	0.849775
7	0.066766	0.938764	0.075477	0.925252
8	0.034719	0.973482	0.04104	0.966292
9	0.016048	0.98953	0.019836	0.986129
10	0.006676	0.996206	0.008629	0.994757

T　頑張ってやってみます（表6・5）．飛び石的な信頼区間は $\lambda=4.16\sim4.35$ です．$\lambda=4.15$ に下げると $P(2)$ 以上の HDR は $P(2)+\cdots+P(5)=68.01\%$ となってアウト，$\lambda=4.36$ に上げると $P(2)$ 以上の HDR は $P(2)+\cdots+P(6)=78\%$ となってアウトになります．結局，信頼区間は $\lambda=1.42\sim3.91$，$4.16\sim4.35$ となりました．

A　ご苦労さまでした．従来の古典的な方法を HDR で正確に求めるのはかなり面倒です．じつはそんな事情もあってベイズ統計を始めた次第です．

6・4　ベイズ統計による区間推定

T　ところで先ほどの古典的な方法の下限値とベイズ統計の下限値が一致する理由を教えてください．

A　それではポアソン分布の部分積分を $\lambda\sim\infty$ の範囲でやってみてください．

T　朝飯前です．

$$\int_\lambda^\infty P(x,t)\,dt = \frac{1}{x!}\int_\lambda^\infty t^x e^{-t}\,dt$$

$$= \frac{1}{x!}\left[-t^x e^{-t}\right]_\lambda^\infty + \frac{x}{x!}\int_\lambda^\infty t^{x-1}e^{-t}\,dt$$

$$= \frac{\lambda^x e^{-\lambda}}{x!} + \frac{1}{(x-1)!}\int_\lambda^\infty t^{x-1}e^{-t}\,dt$$

$$= \frac{\lambda^x e^{-\lambda}}{x!} + \frac{\lambda^{x-1}e^{-\lambda}}{(x-1)!} + \cdots + \lambda e^{-\lambda} + e^{-\lambda}$$

$$= \sum_{i=0}^x P(i,\lambda)$$

となりました．なるほど．λ について積分すると，x についての総和が出てくるんですね．

A　そうです．これは小寺（1986）の 103 ページにある演習問題です．両辺を 1 から引けば，

第 6 章 ベイズ統計と生態学 91

$$\int_0^\lambda P(x,t)\mathrm{d}t = \sum_{i=x+1}^\infty P(i,\lambda)$$

も得られます．

T この公式が先ほどの両方の下限値が一致する説明なんですね．

A ええ．クラーク本に flat prior と書いていますから，λ の事前分布として一様分布を採用しています．エクセルで $x=2$ のときポアソン分布の値を $\lambda=0\sim5$ の範囲で，0.1 きざみで計算して足してみてください．

T やってみます．表 6・6 のようになりましたが，総和は 10 に近づいています．そうか，

$$\int_0^\infty P(x,\lambda)\mathrm{d}\lambda = 1$$

だから，きざみ幅 0.1 で足すとほぼ 10 になるわけですね．

A ええ．数値積分の中点則です．きざみ幅を 0.01 にすればもっと精度が高くなります．この分布の片側 16% 点はどうなりますか？

T $\lambda=1.4$ と 4.6 です．クラーク本の値とほぼ一致します．

A これは事後分布ですから区間推定するなら HDR の方が妥当です．68% HDR を求めてみてください．

T 確率の高いものから足していって合計が 6.8 になればいいのですね．$\lambda=0.9\sim3.8$ にすると合計が 6.843 になります．

A 結局，ベイズ統計による 68% 区間は $\lambda=0.9\sim3.8$ ということです．

T あれえ，これはほとんど尤度比検定の値と一緒ですね．

A その通りです．事前分布を一様分布にすると事後分布は尤度関数になります．しかし一般に尤度関数の HDR は尤度比検定の結果と一致しません．今回のポアソン分布の例では，先ほど証明した公式，つまり λ の上側確率と x の下側確率が一致するという公式が成立するため，結果がほとんど一致するわけです．

表 6・6 ポアソン分布の事後分布（$x=2$, きざみ幅 0.1）

λ	確率	累積	λ	確率	累積
0	0	0	2.6	0.251045	4.940739
0.1	0.004524	0.004524	2.7	0.244964	5.185704
0.2	0.016375	0.020899	2.8	0.238375	5.424079
0.3	0.033337	0.054236	2.9	0.231373	5.655452
0.4	0.053626	0.107861	3	0.224042	5.879493
0.5	0.075816	0.183678	3.1	0.216461	6.095955
0.6	0.098786	0.282464	3.2	0.208702	6.304657
0.7	0.121663	0.404127	3.3	0.200829	6.505486
0.8	0.143785	0.547912	3.4	0.192898	6.698384
0.9	0.164661	0.712573	3.5	0.184959	6.883343
1	0.18394	0.896513	3.6	0.177058	7.0604
1.1	0.201387	1.0979	3.7	0.169233	7.229633
1.2	0.21686	1.31476	3.8	0.161517	7.39115
1.3	0.230289	1.545049	3.9	0.15394	7.54509
1.4	0.241665	1.786714	4	0.146525	7.691615
1.5	0.251021	2.037735	4.1	0.139293	7.830908
1.6	0.258428	2.296163	4.2	0.132261	7.963169
1.7	0.263978	2.560141	4.3	0.125441	8.08861
1.8	0.267784	2.827925	4.4	0.118845	8.207455
1.9	0.269971	3.097896	4.5	0.112479	8.319934
2	0.270671	3.368567	4.6	0.106348	8.426282
2.1	0.270016	3.638583	4.7	0.100457	8.526739
2.2	0.268144	3.906727	4.8	0.094807	8.621546
2.3	0.265185	4.171911	4.9	0.089396	8.710942
2.4	0.261268	4.433179	5	0.084224	8.795167
2.5	0.256516	4.689695			
9.8	0.002663	9.968693			
9.9	0.002459	9.971152			
10	0.00227	9.973422			
10.1	0.002095	9.975517			
10.2	0.001934	9.977451			

T 何となく理解できました.

A それではきざみ幅を 0.01 にして再計算してみてください. ついでに尤度比検定の値もチェックしてください.

T では, さっそく (表6・7). 尤度比検定による 68% 信頼区間は λ = 0.90 〜 3.76 です. 事後分布における 68% HDR は

$$P(0.87)+\cdots+P(3.83)=73.67-5.72=67.95\%$$

です. 次に確率の高い P(3.84) を加えると 68.10% となってオーバーしてしまいます. 結局,

従来の古典的な方法 (HDR)	1.42 〜 3.91, 4.16 〜 4.35
尤度比検定を用いた方法	0.90 〜 3.76
フィッシャー情報量を用いた方法	0.59 〜 3.41
ベイズ統計の方法 (一様分布, HDR)	0.87 〜 3.83

という結果になりましたけど, どれが正しいのでしょうか.

A そうですね. 従来の古典的な方法を推奨したいのですが, かなり面倒です. よほど厳密な議論が必要でない限り, 尤度比検定を用いる方法, およびそれとほぼ同じ区間を与える一様分布を事前分布とするベイズ統計手法で十分と思います. ただし, 従来の古典的な方法と比較して, 上限が小さめに推定されていることに注意してください.

T フィッシャー情報量を用いた方法はどうでしょうか?

A 誤差伝播則を用いて分散を推定する方法も同様ですが, $\mu\pm1.96\sigma$ で区間推定する方法はパラメータが正規分布することを仮定していて, ベイズ統計的です. 従来の統計学の枠組みで推定や検定を行うのであれば, 古典的方法や尤度比検定で行うべきでしょう. なお, ベイズ統計では事後分布を用いて区間推定するので, 信頼区間ではなくて, 確率区間と呼ぶべきだと思います.

T ところでベイズ統計は必要でしょうか? 尤度比検定で十分なように思いますけど.

A そうですね. 従来の統計学で推定される「信頼」区間は, その区間内にパラメータの真値が存在する確率を表す「確率」区間ではなくて, その区間が真値を含む「頻度」を表しています.

T それは統計学の教科書に必ず書いていますね.

表6・7 ポアソン分布の事後分布 (x=2, きざみ幅 0.01)

λ	確率	累積	対数	差
0.84	0.152307	5.410845	−1.88185	−0.575
0.85	0.154404	5.565249	−1.86819	−0.56133
0.86	0.156485	5.721734	−1.85479	−0.54794
0.87	0.158552	5.880287	−1.84167	−0.53482
0.88	0.160604	6.040891	−1.82881	−0.52196
0.89	0.16264	6.203531	−1.81621	−0.50936
0.9	0.164661	6.368191	−1.80387	−0.49702
0.91	0.166665	6.534857	−1.79177	−0.48492
0.92	0.168653	6.70351	−1.77991	−0.47306
3.74	0.166131	72.21041	−1.79498	−0.48812
3.75	0.165359	72.37577	−1.79964	−0.49278
3.76	0.164588	72.54036	−1.80431	−0.49746
3.77	0.163818	72.70418	−1.809	−0.50214
3.78	0.16305	72.86723	−1.8137	−0.50685
3.79	0.162283	73.02951	−1.81842	−0.51156
3.8	0.161517	73.19103	−1.82315	−0.51629
3.81	0.160753	73.35178	−1.82789	−0.52104
3.82	0.15999	73.51177	−1.83265	−0.52579
3.83	0.159228	73.671	−1.83742	−0.53056
3.84	0.158468	73.82947	−1.8422	−0.53535
3.85	0.157709	73.98717	−1.847	−0.54015
3.86	0.156952	74.14413	−1.85181	−0.54496

A　したがって，たとえば資源尾数 N_0 の信頼区間を求め，1年後に N_1 の信頼区間を求めた場合，その間の生残率

$$s = N_1 / N_0$$

を区間推定しようとしても，単純には計算できません．これに対してベイズ統計でそれぞれの事後分布を求めた場合には，s は2次元確率分布から計算することができます．もちろん従来の統計学の枠組みでも生残率の区間推定は可能と思いますが，ベイズ統計の方が扱いやすい気がします．

T　だいたい了解しました．クラーク本はいろいろ問題ありそうですが，図も多いし，自分でチェックしながら読めば，それなりに有益ということですね．

A　ええ．論文もそうですが，チェックしながら批判的に読むことが重要だと思います．今回はポアソン分布でしたが，2項分布と超幾何分布については，赤嶺（2002）にまとめています．

T　そうでしたね．

A　それでこの中で竹内・藤野（1981）について「z の前の符号を誤っている」と書いてしまったのですが，これは私のミスです．竹内・藤野（1981）は棄却域を求めているので，信頼域を求める場合と符号が逆になるのです．

T　なるほど．すべての論文は批判的に読まなくてはいけないわけですね．

6・5　フィッシャー情報量と積率

A　ところでフィッシャー情報量を用いて正規分布

$$N(x, \mu, \sigma^2) = \frac{1}{\sqrt{2\pi\sigma^2}} \exp\left[-\frac{1}{2}\frac{(x-\mu)^2}{\sigma^2}\right]$$

の平均の分散を求めてみてください．

T　n 個のデータの尤度，つまり同時確率は，

$$L = \prod_{i=1}^{n} N(x_i) = \frac{1}{(2\pi\sigma^2)^{n/2}} \exp\left[-\frac{1}{2}\frac{\sum_{i=1}^{n}(x_i-\mu)^2}{\sigma^2}\right]$$

となります．したがって対数尤度は，

$$Y = \ln L = -\frac{n}{2}\ln(2\pi) - \frac{n}{2}\ln(\sigma^2) - \frac{1}{2}\frac{\sum(x-\mu)^2}{\sigma^2}$$

です．これより

$$\frac{dY}{d\mu} = \frac{\sum(x-\mu)}{\sigma^2} = \frac{\sum x - n\mu}{\sigma^2} = \frac{\bar{x}-\mu}{\sigma^2/n} = 0$$

とおくと，$\mu = \bar{x}$ を得ます．つまり平均の最尤推定は算術平均です．さらに

$$\frac{d^2 Y}{d\mu^2} = -\frac{1}{\sigma^2/n}$$

となるので，フィッシャー情報量の定義より，平均 μ の分散は σ^2/n となります．やれやれです．

A　ご苦労さま．平均の分散は一般の確率分布についても同じ式になります．ところで分散についても同様にやってみてください．

T　やってみます．

$$\frac{dY}{d\sigma^2} = -\frac{n}{2}\frac{1}{\sigma^2} + \frac{1}{2}\frac{\sum(x-\mu)^2}{(\sigma^2)^2} = 0$$

より，分散の最尤推定値は

$$\sigma^2 = \frac{\sum(x-\mu)^2}{n}$$

です．さらにもう1回微分すると，

$$\frac{d^2 Y}{(d\sigma^2)^2} = \frac{n}{2}\frac{1}{(\sigma^2)^2} - \frac{\sum(x-\mu)^2}{(\sigma^2)^3} = -\frac{n}{2\sigma^4}$$

となるから，分散 σ^2 の最尤推定値の分散は $2\sigma^4/n$ です．本当でしょうか？

A　うーん．どうでしょう．通常の期待値の計算で検討してみましょう．分散の定義より

$$V = E\left(\left[\frac{\sum(x-\mu)^2}{n} - \sigma^2\right]^2\right) = E\left(\frac{[\sum(x-\mu)^2 - n\sigma^2]^2}{n^2}\right)$$

$$= \frac{1}{n^2} E\left(\left[\sum\{(x-\mu)^2 - \sigma^2\}\right]^2\right)$$

となります．ここで $i \neq j$ の場合は独立なので，

$$E\left(\{(x_i-\mu)^2 - \sigma^2\}\{(x_j-\mu)^2 - \sigma^2\}\right)$$

$$= E\left((x_i-\mu)^2 - \sigma^2\right) E\left((x_j-\mu)^2 - \sigma^2\right) = 0$$

となるから，$i = j$ の場合だけ計算すればOKです．やってみてください．

T　えーと．

$$V = \frac{1}{n^2} E\left(\sum\{(x-\mu)^4 - 2\sigma^2(x-\mu)^2 + \sigma^4\}\right)$$

$$= \frac{1}{n}E\left((x-\mu)^4\right) - \frac{\sigma^4}{n}$$

となりました．この初項はなんでしょう？
A 平均μのまわりの4次の積率（中心積率）です．
T これが$3\sigma^4$となれば，$V = 2\sigma^4/n$となります．
A それは大丈夫でしょう．正規分布$N(x)$の中心積率

$$\mu_n = \int_{-\infty}^{\infty} (x-\mu)^n N(x)\mathrm{d}x$$

を考えてみてください．
T うーん．
A そんなに難しくないですよ．正規分布は平均μについて偶関数だから，nが奇数の場合，被積分関数は奇関数となります．したがって

$$\mu_n = 0$$

です．$n=1$の場合はどうなりますか？
T なるほど．

$$\mu_1 = \int_{-\infty}^{\infty} (x-\mu) N(x)\mathrm{d}x = \int_{-\infty}^{\infty} x N(x)\mathrm{d}x - \mu = 0$$

となるから，

$$\int_{-\infty}^{\infty} x N(x)\mathrm{d}x = \mu$$

となって，平均μが出てきました．
A 次にnが偶数の場合は，部分積分をやってみてください．
T とりあえずやってみると，

$$\mu_n = \left[\frac{(x-\mu)^{n+1}}{n+1} N(x)\right]_{-\infty}^{\infty} + \frac{1}{(n+1)\sigma^2}\int_{-\infty}^{\infty} (x-\mu)^{n+2} N(x)\mathrm{d}x$$

$$= 0 + \frac{1}{(n+1)\sigma^2} \mu_{n+2}$$

となって，漸化式が求まりました．
A 最初の積分が0になるのはOKですか？
T ええ．正規分布の両端は急速に0に収束するので，べき乗関数を掛けてもOKです．数式で示すと，

$$\frac{z^{n+1}}{\sqrt{\mathrm{e}^{z^2}}} = \frac{z^{n+1}}{\sqrt{1 + z^2 + \frac{z^4}{2} + \cdots}} \to 0 \quad (z \to \pm\infty)$$

です．漸化式より一般に偶数の場合は

$$\mu_n = (n-1)(n-3)\cdots 3\cdot 1 \sigma^n$$

となって，$\mu_0=1$ です．だから $\mu_2=\sigma^2$，$\mu_4=3\sigma^4$ となります．以上より，分散の最尤推定値の分散は $2\sigma^4/n$ となります．

A ご苦労さまでした．正規分布の場合，分散の最尤推定値を σ^2 とすると，その標準偏差は $\sqrt{2/n}\sigma^2$ となるようですね．

7. 落ち穂拾い

T君 1980年代における水産資源解析の雰囲気はだいたい分かりましたが，それ以降はどうだったんでしょうか．

A先生 私がBASICでプログラムを作っていたのは30代前半まででした．それ以降は表計算ソフトが普及して，ほとんどのことはそれで済むようになりました．また数値計算や統計学の専用ソフトも比較的安く購入できるようになって，今と同じような感覚ですね．

T ははあ．バブル崩壊以降は似たような状況ということでしょうか．

A そうかもしれません．

7・1 VPAって何？

T ところでVPAって何ですか？ コホート解析とも呼ばれているみたいですけど．

A Virtual Population Analysis の略で，仮想年級群解析などと訳されていましたが，最近はVPAと呼んでいます．漁獲尾数から資源尾数を推定する方法で，具体的にはベバートン・ホルトの漁獲方程式

$$N_{i+1} = N_i e^{-(F_i+M)}$$

$$C_i = N_i \frac{F_i}{F_i + M}(1 - e^{-(F_i+M)})$$

をNについて解きます．

T ベバートン・ホルトの本が出たのは1957年でしたよね．それより10年くらい前にモデル自体は発表されていたとのことでしたけど．

A VPAが登場したのは，実質的にはGulland（1965）とMurphy（1965）からのようです．これらは非線型方程式を解かなくてはならなかったのですが，Pope（1972）の近似法が発表されて以降，急速に普及したように思います．ちなみにコホート解析という呼び名はPope（1972）に由来しています．ただし日本語でコホート解析というと社会学における手法と混同されるので，できるだけVPAと呼ぶようにしています．

T つまり最初は非線型方程式を解くことが主題だったのですね．

A そうです．わたしが日水研に入って何年かして来られた資源部長が，所の研究計画会議で「○○の魚種についてはコホート解析で解析します．××の魚種についてもコホート解析で解析します．……」と，すべての魚種でコホート解析を行うと言ったので，面食らった記憶があります．その時までコホート解析を知らなかったのです．

T　本当ですか？

A　ええ．私は浅海開発部でしたから．会議の後で資源部の加藤さんに聞きに行ったら，笑われてしまいました．水産庁が1978年に出した「漁業資源解析のための電子計算機プログラム集」に加藤さんがコホート解析のプログラムを載せていたのです．

T　それは間抜けでしたね．

A　それから広島の南西海区水産研究所の石岡さんがコホート解析の専門家だったので，いろいろ教えてもらいました．

T　何事につけても先輩は有り難いですね．

A　それで手法を突き詰めていくと，漁獲率を

$$E_i = \frac{F_i}{F_i + M}(1 - e^{-(F_i + M)})$$

とおいて，自然死亡率を

$$D_i = \frac{M}{F_i + M}(1 - e^{-(F_i + M)})$$

とおけば，漁獲方程式は，

$$N_{i+1} = N_i(1 - E_i - D_i) = N_i(1 - D_i) - C_i$$
$$C_i = N_i E_i$$

と簡単になります．

T　ははあ．

A　結局，非線型な部分は「率と係数の変換」部分だけです．率を使えば線型計画法なども適用できます．

T　なるほど．

A　これについては，赤嶺（1995b，1996）にまとめました．VPAは離散モデルですから，連続モデルの係数を用いるよりも率を用いる方が自然です．それに表計算ソフトとも相性がいいはずです．

T　しかし未だに係数が使われているみたいですけど．

A　うーん．どうしてなんでしょうね？ 係数の方がグローバル・スタンダードなんでしょうかね．確かに，等漁獲量曲線図などは係数の方が描きやすいみたいですけど．まぁ，率か係数かというのはテクニカルな問題でしかないわけで，最大の問題は資源尾数の正解をチェックできない，という点です．

T　ということは，どの方法が優れているのか判定できないわけですね．

A　ええ．頑健でミスの少ない手法を選ぶのも一法だと思います．その意味でも率を用いる方が安全だと思いますけど……

7・2 経済学の本？

T 僕は専門でないからよく分からないんですが，Clark（1976, 1985）はどういう内容の本なんでしょうか．えらく難しそうな数式が並んでいますけど．

A ああ．あれは単純な漁獲モデルに最適制御理論を当てはめただけのものです．クラークは経済学者なので割引率も導入しましたが，それが資源研究者には新鮮だったのでしょう．

T なるほど．それで最初の本は有名な経済学の先生が翻訳されているんですね．最適制御理論は数理生態学にも導入されているみたいですけど．

A 数理生態学は生物の経済学みたいな面が強いので，当然のように思います．数学と物理学が大きく異なるように，数理生態学と水産資源学も大きく異なります．クラークの本にベバートン・ホルトのモデルが少ししか引用されていないため，ショックを受けた人がいましたけど，経済学の本だから当たり前なんです．

T 最適制御理論というのは，かなり魅力的に見えますけど．

A 最大原理などは原理なので，「総漁獲量は最大現存量を超えない」などという当たり前のことしか言えないような気がします．公式通りに計算しているだけなので，慣れればそれなりに有効でしょう．いずれにしても「自然死亡率が一定」という仮定のもとでは，あまり画期的な管理方策は出てこないように思います．これについては赤嶺（1997）にまとめました．

T きちんとした資源調査に基づく精度の高いデータがなければ，いくら高級な数理モデルを構築しても無駄ということでしょうか．

A 資源管理に関してはベバートン・ホルトを超えた理論は出てきていないですね．ベバートン・ホルトがグラフを描いてやったことを，数式処理しているだけのように見えます．ニュートン力学と違って，資源量推定や資源管理はそれだけ難しいということでしょう．昔から「農学栄えて，農業滅ぶ」とよく言われていましたが，それが実学の難しさなのだと思います．

T 量子力学で不確定性原理が唱えられて以降，未来は確率的にしか予測できないとか，そういう話を読んだことがあります．生物現象は物理現象と比較して不確実性が大きすぎるんでしょうね．

7・3 マッケンドリック方程式とは？

T マッケンドリック方程式も見慣れない方程式ですね．

A ええ．人口学で使用されているモデルです．1次の偏微分方程式なので，通常の微分方程式と同じ方法で解けます．物理学では2次の偏微分方程式で波動や熱伝導を扱いますから，1次の偏微分方程式は馴染みが薄いですね．

T いつ頃の人なんでしょうか？

A 1920年代後半から1930年代にかけて活躍したようです．ロトカ・ヴォルテラ方程式と同時代ですね．

T ということは定量モデルというよりも定性モデルなんでしょうか．

A うーん．死亡係数と成長係数を用いて体サイズ組成を扱うモデルですから，定量モデルに近いのですが，微分方程式という制約が大きいように思います．シミュレーションなどと合わせて用いた方が無難でしょう．

7・4 自然死亡率の推定

T 先ほど自然死亡係数が一定という仮定の話がありましたが，自然死亡率の推定方法はどうなんでしょうか？

A これは資源解析の最大のテーマのひとつですが，一言で言えば推定不能だと思っています．

T それはまた身も蓋もない話ですね．

A 資源尾数を N，自然死亡尾数を U とおくと，自然死亡率は $D=U/N$ で推定できます．これは2項分布のパラメータ p の推定問題となります．問題は U を実際に計数することがほとんど不可能ということです．計数できるのは飼育実験くらいでしょう．

T 確かに，統計学的には推定不能かもしれません．

A それで $M=0.3$ などと仮定して解析し，フィードバック管理を実行しながら，同時に M などのパラメータ値も修正していく，というのが現実的な対応だと思います．もちろんさまざまな実験や調査によって，要因ごとの死亡率を推定するのは重要な研究テーマだとは思いますけど．

7・5 ロジスティックモデルの解法

T 先生の教科書（赤嶺 2007）の漁獲量一定モデルの部分は，意味がよく分からなかったのですけど．

A そうですね．単に微分方程式の解法の話になってしまいました．ロジスティックモデルなので公式通りに解けますし，最近は数式処理ソフトなども利用できますから，解説する必要はなかったのかもしれません．ただ普通の微積分の教科書では，微分方程式で複素数の解が出てくるのは減衰振動のような力学モデルがほとんどなので，ここではロジスティックモデルで解説した次第です．

T うーん．ちょっとマニアックな感じですね．

A ベクトル場で見ると連続的に変化するのに，微分方程式を公式通りに解くと不連続な印象を与えるのが不満だったんです．tanh 関数が tan 関数に自然に移行するのも教育的効果があると考えました．

T なるほど．tanh 関数なら自然に増加しますが，tan 関数になった途端に絶滅に向かってしまいますもんね．ところで微分方程式の解法ですが，公式通りと言われても……

A それではちょっとやってみましょうか．どうせならリチャーズの成長式を解いてみましょう．

$$\frac{dy}{dt} = ay^m - by$$

を解いてみてください．

T いきなり難しい問題ですね．たしか，ベルヌイ方程式だったので……？

A その通りですが，最初は教科書（能勢ら 1988）に紹介されている方法でやってみましょう．この方程式を

$$\frac{dy}{dt} = -by(1 - hy^r)$$

と変形します．ここで

$$h = \frac{a}{b}, \quad r = m-1$$

です．

T ははあ．

A この微分方程式の右辺は y だけなので，

$$\frac{\mathrm{d}y}{y(1-hy^r)} = -b\mathrm{d}t$$

と変数分離型に分けると，次のように部分分数に分解できます．

$$\left(\frac{1}{y} + \frac{hy^{r-1}}{1-hy^r}\right)\mathrm{d}y = -b\mathrm{d}t$$

T なるほど．両辺を積分すると，

$$\ln|y| - \frac{1}{r}\ln|1-hy^r| = -bt + c$$

となるから，変形して，

$$\ln\left|\frac{y^r}{1-hy^r}\right| = -brt + c'$$

これより

$$\frac{y^r}{1-hy^r} = Ce^{-brt}$$

となるから，解が求まりますね．初期値を $(t, y) = (0, y_0)$ とすると，特殊解

$$y = \left[\frac{a}{b} - \left(\frac{a}{b} - y_0^{1-m}\right)e^{-b(1-m)t}\right]^{1/(1-m)}$$

が求まります．これで一件落着です．

A よくできました．それでは次にベルヌイ方程式のやり方でやってみましょうか．もっとも，この方法で解いたのはライプニッツだそうですけど．最初の微分方程式を，

$$x = y^{1-m}$$

とおいてみてください．

T えーと，

$$\frac{\mathrm{d}x}{\mathrm{d}t} = (1-m)y^{-m}\frac{\mathrm{d}y}{\mathrm{d}t}$$

だから代入してみると……，

$$\frac{\mathrm{d}x}{\mathrm{d}t} = (1-m)(a-bx)$$

となりました．これは変数分離型だから簡単に解けて……，同じ一般解が求まりました．

A　じつは，この方程式は線型でして，定数の a および b が時間の関数でも解くことができます．一般化して，

$$\frac{dx}{dt} + b(t)x = a(t)$$

を解いてみてください．

T　えーと，これは変数分離型ではありませんね．ちょっと，手がつきません．

A　方法はいろいろありますけど，今日は教科書的にやってみましょうか．$b(t)$ の原始関数の1つを $B(t)$ として，$x(t)e^{B(t)}$ を微分してみてください．

T　えーと，

$$\frac{d}{dt}\left[x(t)e^{B(t)}\right] = \frac{dx}{dt}e^{B(t)} + x(t)b(t)e^{B(t)} = \left[\frac{dx}{dt} + b(t)x\right]e^{B(t)} = a(t)e^{B(t)}$$

となります．そうか，両辺を積分すると，

$$x(t) = e^{-B(t)}\left(\int a(t)e^{B(t)}dt + c\right)$$

を得ます．これが一般解です．

A　よくできました．それでは a と b が定数のとき，チェックしてみてください．

T　えーと，一般解は

$$x(t) = e^{-bt}\left(\int ae^{bt}dt + c\right) = e^{-bt}\left(\frac{a}{b}e^{bt} + c\right) = \frac{a}{b} + ce^{-bt}$$

となるから，初期値を $(t, x) = (0, x_0)$ とすると，

$$x_0 = \frac{a}{b} + c$$

となります．したがって特殊解は，

$$x(t) = \frac{a}{b} - \left(\frac{a}{b} - x_0\right)e^{-bt}$$

です．変数を元に戻せば，リチャーズの成長式になりますね．

A　リチャーズの成長式の変曲点は分かりますか？

T　えーと，2階微分を求めればいいから……

A　微分方程式

$$\frac{dy}{dt} = ay^m - by$$

を微分すればOKです．

T　そうか．

$$\frac{d^2 y}{dt^2} = (amy^{m-1} - b)\frac{dy}{dt} = 0$$

だから,

$$y = \frac{A}{m^{1/(m-1)}}, \qquad A = \left(\frac{b}{a}\right)^{1/(m-1)}$$

です.

A　ここで $m=1+r$ とおくと……,

T
$$y = \frac{A}{(1+r)^{1/r}}$$

となるから, $r \to 0$ のとき $y=A/e$ になりますね. 勘のいい人なら, これだけでゴンペルツの成長式と分かります.

7・6　再生産式の導出

A　ところで再生産式の導出方法は憶えていますか?

T　確か生残モデルから導出されたんですよね.

A　歴史的にはその通りですが, じつはロジスティック式や指数関数から導くことができます.

$$\frac{dN}{dt} = \left[1 - S\left(\frac{N}{S}\right)^r\right] N$$

を解いてみてください. 初期条件は $(t, N) = (0, S)$ です.

T　この微分方程式はベルヌイ型ですから, $y = N^{-r}$ とおくと,

$$\frac{dy}{dt} = -rN^{-r-1}\frac{dN}{dt} = -r(y - S^{1-r})$$

となるので簡単に解けます. 初期条件より,
$$y = (S^{-r} - S^{1-r})e^{-rt} + S^{1-r}$$

となりますから,

$$N^r = \frac{e^{rt} S^r}{1 + (e^{rt} - 1)S}$$

を得ます. そうか, ここで $R=N$, $\alpha = e^r$ および $\beta = \frac{e^{rt}-1}{r}$ とおくと, シュヌートの再生産式

$$R = \frac{\alpha S}{(1 + r\beta S)^{1/r}}$$

が求まります．

A　よくできました．もうじき免許皆伝ですね．

7.7　行列モデル

T　ところで水産ではレスリー行列モデルはあまり使いませんね．

A　そうですね．農学や生態学では広く用いられているようですけど．

T　先日，個体群生態学に詳しい友人から面白い話を聞きました．

$$\begin{pmatrix} J_{i+1} \\ A_{i+1} \end{pmatrix} = \begin{pmatrix} 0 & b_i \\ c & d \end{pmatrix} \begin{pmatrix} J_i \\ A_i \end{pmatrix}$$

という行列モデルで，J は幼年個体数つまり子の数，A は成熟個体数つまり親の数です．このモデルは従来の1変数の生残モデル

$$N_{i+1} = r_i N_i$$

を拡張したものですが，生残率 c と d は定数で，繁殖率 b だけが変数です．

A　ははあ，これはレスリー行列を一般化したレフコビッチ行列ですね．親の数 A がバッファー（緩衝液）として働くため，繁殖率 b が一時的に0になっても，すぐには絶滅しないように拡張されています．それで面白い話とは？

T　繁殖率が環境の影響を受けて変動すると考えます．良い環境下では

$$P = \begin{pmatrix} 0 & 2 \\ 0.2 & 0.8 \end{pmatrix}$$

で変動し，悪い環境下では

$$Q = \begin{pmatrix} 0 & 0 \\ 0.2 & 0.8 \end{pmatrix}$$

で変動するとします．そうすると変な結果が出てきます．

A　と言いますと？

T　P の最大固有値は1.1483です．良い環境が十分に長く続いた場合，平均増加率は最大固有値と一致するので，1.1483となります．同様にして悪い環境が十分に長く続いた場合，平均増加率は0.8です．これらの相乗平均0.96は1より小さいので，2つの環境がそれぞれかなり長く続いてから交代すると，個体群は減少します．

A　そうですね．最大固有値を λ_{max}，それ以外の固有値を λ_k ($<\lambda_{max}$) とすると，$n \to \infty$ のとき，

$$\left(\frac{\lambda_k}{\lambda_{max}} \right)^n \to 0$$

となるから，最大固有値以外の固有値は無視することができます．したがって平均増加率は最大固有値に一致します．

T ところが良い環境と悪い環境が交互に来る場合には,

$$PQ = \begin{pmatrix} 0 & 2 \\ 0.2 & 0.8 \end{pmatrix}\begin{pmatrix} 0 & 0 \\ 0.2 & 0.8 \end{pmatrix} = \begin{pmatrix} 0.4 & 1.6 \\ 0.16 & 0.64 \end{pmatrix}$$

となるので,最大固有値は 1.04 となります.したがって 2 年あたりの平均増加率は 1.04 となるから,個体群は増加します.

A なるほど.確かに変な感じですね.なお,

$$QP = \begin{pmatrix} 0 & 0 \\ 0.2 & 0.8 \end{pmatrix}\begin{pmatrix} 0 & 2 \\ 0.2 & 0.8 \end{pmatrix} = \begin{pmatrix} 0 & 0 \\ 0.16 & 1.04 \end{pmatrix}$$

としても固有値は一致するので,同じ結果になります.

T さらにフィールド研究では,何年分かのデータを込みにして繁殖率を計算することがあるそうで,その場合には $b=(2+0)/2=1$ となるから,

$$R = \begin{pmatrix} 0 & 1 \\ 0.2 & 0.8 \end{pmatrix}$$

としてみます.この最大固有値は 1 なので平均増加率は 1 となってしまい,個体群は増えも減りもしません.これは「Tuljapurkar の理論」だそうです(松田 2000).この人の名前はどう発音するのか分かりませんけど.

A 何とも奇妙な話ですね.でも数学的には

$$PQ \neq QP$$

だから,

$$(PQ)^n \neq P^n Q^n$$

ということを言っているだけのような気もします.もう少し単純なモデルで考えてみましょうか.

T と言いますと?

A そうですね.

$$B = \begin{pmatrix} 0 & b \\ 0 & 0 \end{pmatrix}, \quad C = \begin{pmatrix} 0 & 0 \\ c & 0 \end{pmatrix}$$

を検討してみてください.

T では,さっそく.おやおや,

$$B^2 = C^2 = \begin{pmatrix} 0 & 0 \\ 0 & 0 \end{pmatrix}$$

となってしまいました.たった 2 年で絶滅とはどういうことでしょうか?

A　たとえば「スルメイカの秋生まれ群」のような単年性の生物を考えてみます．秋から春にかけて行列 B で幼生が発生し，春から秋にかけて行列 C で親になると仮定すると，このような動態モデルになります．秋の次に冬ではなくて夏が来たり，春の次に夏ではなくて冬が来たら，このような生物は絶滅してしまいます．

T　なるほど．その通りですね．

$$BC = \begin{pmatrix} 0 & b \\ 0 & 0 \end{pmatrix}\begin{pmatrix} 0 & 0 \\ c & 0 \end{pmatrix} = \begin{pmatrix} bc & 0 \\ 0 & 0 \end{pmatrix}$$

および

$$CB = \begin{pmatrix} 0 & 0 \\ c & 0 \end{pmatrix}\begin{pmatrix} 0 & b \\ 0 & 0 \end{pmatrix} = \begin{pmatrix} 0 & 0 \\ 0 & bc \end{pmatrix}$$

となるから，

$$(BC)^n = \begin{pmatrix} (bc)^n & 0 \\ 0 & 0 \end{pmatrix}$$

および

$$(CB)^n = \begin{pmatrix} 0 & 0 \\ 0 & (bc)^n \end{pmatrix}$$

となります．したがって季節が順調に推移すれば，この生物は増加率 bc で指数関数的に変動します．何の矛盾もないですね．

A　ええ．このような極端な例でなくても，悪い環境が何年も続く場合は，生物に深刻な影響を与えるはずです．Q^n を求めてみてください．

T　では，一般化して

$$Q = \begin{pmatrix} 0 & 0 \\ c & d \end{pmatrix}$$

とします．

$$Q^2 = \begin{pmatrix} 0 & 0 \\ c & d \end{pmatrix}\begin{pmatrix} 0 & 0 \\ c & d \end{pmatrix} = \begin{pmatrix} 0 & 0 \\ cd & d^2 \end{pmatrix}$$

$$Q^3 = \begin{pmatrix} 0 & 0 \\ c & d \end{pmatrix}\begin{pmatrix} 0 & 0 \\ cd & d^2 \end{pmatrix} = \begin{pmatrix} 0 & 0 \\ cd^2 & d^3 \end{pmatrix}$$

となるから，

$$Q^n = \begin{pmatrix} 0 & 0 \\ cd^{n-1} & d^n \end{pmatrix}$$

となります．うーん．親ばかりで子供がいませんね．マイワシの崩壊時みたいです．じきに絶滅してしまいそうです．

A 実際の数値ではどうなりますか？

T では，さっそく．公式を使わなくても，

$$Q^2 = \begin{pmatrix} 0 & 0 \\ 0.16 & 0.64 \end{pmatrix}$$

$$Q^4 = \begin{pmatrix} 0 & 0 \\ 0.102 & 0.410 \end{pmatrix}$$

$$Q^8 = \begin{pmatrix} 0 & 0 \\ 0.042 & 0.168 \end{pmatrix}$$

$$Q^{16} = \begin{pmatrix} 0 & 0 \\ 0.007 & 0.028 \end{pmatrix}$$

と簡単に求まります．P の方は，

$$P = \begin{pmatrix} 0 & 2 \\ 0.2 & 0.8 \end{pmatrix} = 0.2 \begin{pmatrix} 0 & 10 \\ 1 & 4 \end{pmatrix}$$

と変形して，

$$P^2 = 0.04 \begin{pmatrix} 10 & 40 \\ 4 & 26 \end{pmatrix} = 0.08 \begin{pmatrix} 5 & 20 \\ 2 & 13 \end{pmatrix} = \begin{pmatrix} 0.4 & 1.6 \\ 0.16 & 1.04 \end{pmatrix}$$

$$P^4 = 0.0064 \begin{pmatrix} 65 & 360 \\ 36 & 209 \end{pmatrix} = \begin{pmatrix} 0.416 & 2.304 \\ 0.230 & 1.338 \end{pmatrix}$$

これ以上は手計算では無理ですね．表計算ソフトで計算してみます．

$$P^8 = \begin{pmatrix} 0.704 & 4.040 \\ 0.404 & 2.320 \end{pmatrix}$$

$$P^{16} = \begin{pmatrix} 2.128 & 12.218 \\ 1.222 & 7.015 \end{pmatrix}$$

となりました．これは単調増加です．以上より，

$$Q^2 P^2 = \begin{pmatrix} 0 & 0 \\ 0.166 & 0.922 \end{pmatrix}$$

$$Q^4 P^4 = \begin{pmatrix} 0 & 0 \\ 0.136 & 0.784 \end{pmatrix}$$

$$Q^8 P^8 = \begin{pmatrix} 0 & 0 \\ 0.097 & 0.559 \end{pmatrix}$$

$$Q^{16} P^{16} = \begin{pmatrix} 0 & 0 \\ 0.049 & 0.282 \end{pmatrix}$$

となるから，これは単調減少です．最大固有値の結果と一致しました．

A 次に PQ だと煩雑なので，QP について計算してみてください．

T はい．

$$(QP)^2 = \begin{pmatrix} 0 & 0 \\ 0.166 & 1.082 \end{pmatrix}$$

$$(QP)^4 = \begin{pmatrix} 0 & 0 \\ 0.180 & 1.171 \end{pmatrix}$$

$$(QP)^8 = \begin{pmatrix} 0 & 0 \\ 0.211 & 1.371 \end{pmatrix}$$

$$(QP)^{16} = \begin{pmatrix} 0 & 0 \\ 0.239 & 1.880 \end{pmatrix}$$

となるので，これは単調増加です．これも最大固有値の結果と一致しました．

A 以上の計算は $(QP)^n \neq Q^n P^n$ を確認しただけです．何の問題もないですね．

T でも，まだ何か釈然としません．

A それでは行列 R について検討してみましょうか．

$$R = \begin{pmatrix} 0 & 1 \\ 0.2 & 0.8 \end{pmatrix} = \frac{1}{2}(P + Q)$$

となっています．

T これを2乗すると，

$$R^2 = \begin{pmatrix} 0.2 & 0.8 \\ 0.16 & 0.84 \end{pmatrix}$$

です．これより先は表計算ソフトでやってみると，

$$R^4 = \begin{pmatrix} 0.168 & 0.832 \\ 0.166 & 0.834 \end{pmatrix}$$

$$R^8 = \begin{pmatrix} 0.167 & 0.833 \\ 0.167 & 0.833 \end{pmatrix}$$

となって，収束してしまいました．これ以降はすべて同じです．

A　なるほど．それでは固有ベクトルを求めて，n 乗の一般型を求めてみてください．

T　線型代数の教科書に載っているやつですね．この行列の固有値は 1 と -0.2 なので，まず 1 の方を求めてみます．

$$\begin{pmatrix} 0 & 1 \\ 0.2 & 0.8 \end{pmatrix}\begin{pmatrix} x \\ y \end{pmatrix} = \begin{pmatrix} x \\ y \end{pmatrix}$$

より，$y=x$ となるから，

$$\begin{pmatrix} x \\ y \end{pmatrix} = \begin{pmatrix} 1 \\ 1 \end{pmatrix}$$

とします．次に -0.2 の固有ベクトルを求めます．

$$\begin{pmatrix} 0 & 1 \\ 0.2 & 0.8 \end{pmatrix}\begin{pmatrix} x \\ y \end{pmatrix} = -0.2 \begin{pmatrix} x \\ y \end{pmatrix}$$

より，$y=-0.2x$ となるから，

$$\begin{pmatrix} x \\ y \end{pmatrix} = \begin{pmatrix} 5 \\ -1 \end{pmatrix}$$

とします．この 2 つの固有ベクトルを横に並べて，

$$S = \begin{pmatrix} 1 & 5 \\ 1 & -1 \end{pmatrix}$$

とすると，

$$RS = S\begin{pmatrix} 1 & 0 \\ 0 & -0.2 \end{pmatrix} = ST$$

と書けるから，右から S^{-1} を掛けて，

$$R = STS^{-1}$$

となります．逆行列の公式は，

$$\begin{pmatrix} a & b \\ c & d \end{pmatrix}^{-1} = \frac{1}{ad-bc}\begin{pmatrix} d & -b \\ -c & a \end{pmatrix}$$

なので，

$$S^{-1} = \frac{1}{-6}\begin{pmatrix} -1 & -5 \\ -1 & 1 \end{pmatrix} = \frac{1}{6}\begin{pmatrix} 1 & 5 \\ 1 & -1 \end{pmatrix} = \frac{1}{6}S$$

です．以上より，

$$R^n = STS^{-1}STS^{-1}\cdots STS^{-1} = ST^nS^{-1} = \frac{1}{6}\begin{pmatrix}1 & 5 \\ 1 & -1\end{pmatrix}\begin{pmatrix}1 & 0 \\ 0 & (-0.2)^n\end{pmatrix}\begin{pmatrix}1 & 5 \\ 1 & -1\end{pmatrix}$$

となって求まりました．ここで $n \to \infty$ とすれば，

$$R^n \approx \frac{1}{6}\begin{pmatrix}1 & 5 \\ 1 & -1\end{pmatrix}\begin{pmatrix}1 & 0 \\ 0 & 0\end{pmatrix}\begin{pmatrix}1 & 5 \\ 1 & -1\end{pmatrix} = \frac{1}{6}\begin{pmatrix}1 & 5 \\ 1 & 5\end{pmatrix}$$

となります．先ほどの値と一致しました．

A　よくできました．最大固有値が1だから変化しなくなりますね．これを

$$R = \frac{1}{2}(P+Q)$$

と比較してみてください．

T　左辺の最大固有値は1，右辺は

$$\frac{1.1483 + 0.8}{2} = 0.974$$

となるので約2.5%の誤差があります．次に両辺を2乗してみると，

$$R^2 = \frac{1}{4}(PP + PQ + QP + QQ)$$

となります．右辺の最大固有値をみてみると，PP は $1.1483^2 = 1.3186$，QQ は $0.8^2 = 0.64$，PQ と QP は 1.04 だから，

$$\frac{1.3186 + 1.04 + 1.04 + 0.64}{4} = 1.00965$$

です．ほぼ1になりました．最大固有値にはこのような関係があったんですね．これが2年あたりの増加率なので，1年あたりの増加率は $\sqrt{1.00965} = 1.0048$ となるから約0.5%の誤差です．

A　さらに2乗すると，どうなりますか．

T　えーと，

$$R^4 = \frac{1}{16}(P^4 + \cdots + P^2Q^2 + \cdots + (PQ)^2 + \cdots + (QP)^2 + \cdots + Q^2P^2 + \cdots + Q^4)$$

となりますから，全部で16項の相加平均になります．

A　これらの中である項は増加，ある項は減少となりますが，全体の総和はほとんど変化しないわけです．結局，P や Q の順番が非常に重要で，「順列」の問題ですね．

T　従来の

$$N_{i+1} = r_i N_i$$

という単純なモデルでは r の順番は無視できましたが，行列モデルでは順番が重要なんですね．ところで PQ と QP の固有値が同じだったのが気になりますけど……

A　それなら確かめてみましょう．行列

$$A = \begin{pmatrix} a & b \\ c & d \end{pmatrix}$$

の固有値は？

T 簡単です．固有方程式

$$\begin{vmatrix} a-\lambda & b \\ c & d-\lambda \end{vmatrix} = (\lambda-a)(\lambda-d) - bc = \lambda^2 - (a+d)\lambda + (ad-bc) = 0$$

を解けば得られます．

A ここで trace $A = a + d$, det $A = ad - bc$ です．最初に

$$P = \begin{pmatrix} 0 & b \\ c & d \end{pmatrix}$$

の固有値を調べてみてください．

T はい．

$$\lambda^2 - d\lambda - bc = 0$$

を解けばいいので，

$$\lambda = \frac{d \pm \sqrt{d^2 + 4bc}}{2}$$

となります．

A $\lambda = 1$ となるのは？

T $\lambda = 1$ を代入すると，

$$2 - d = \pm\sqrt{d^2 + 4bc}$$

となるから，両辺を 2 乗して，

$$b = \frac{1-d}{c}$$

を得ます．今回のモデルでは $c = 0.2$, $d = 0.8$ だったので，$b = 1$ でした．

A では次に，

$$PQ = \begin{pmatrix} 0 & x \\ c & d \end{pmatrix}\begin{pmatrix} 0 & y \\ c & d \end{pmatrix} = \begin{pmatrix} cx & dx \\ cd & cy + d^2 \end{pmatrix}$$

の固有方程式を求めてみてください．

T そうか．

$$\text{trace}(PQ) = c(x + y) + d^2$$
$$\det(PQ) = c^2 xy$$

となるから，x と y は交換可能です．したがって PQ と QP の固有方程式は一致するので，固有値も一致します．

A　じつは PQ と QP の固有値が一致することは一般的に証明できます．PQ の固有値を λ，固有ベクトルを x とすると，
$$PQx = \lambda x$$
となりますが，この両辺に左から Q をかけると，
$$(QP)Qx = \lambda Qx$$
となるので，λ は QP の固有値，Qx が固有ベクトルになります．P と Q を交換すれば逆もいえるので証明終わりです．

T　そうでしたか．そうすると P^2Q^2 の固有値は，
$$PPQQ \approx (PPQ)Q \approx Q(PPQ) \approx QPPQ$$
となるから，$QPPQ$，$QQPP$，$PQQP$ の固有値と一致するわけですね．

A　ええ．同様に $PQPQ$ の固有値と $QPQP$ の固有値は一致します．

T　そうか．この2つのグループの固有値は一致しませんから，それが変な結果の原因だったんですね．ようやく合点しました．

A　今回のような行列モデルの固有値についてまとめると，一般的に
　(1)　PQ と QP の固有値は一致する．
　(2)　P^n の固有値は P の固有値の n 乗である．
　(3)　$P \ne Q$ のとき，PQ の固有値は P と Q の固有値の積ではない．
となります．

T　極端な例としてスルメイカの行列 B と C を考えると憶えやすいですね．

A　それでは最後に R^4 の右辺を計算してみてください．

T　今度は少し精度を上げて計算してみます．$PPPP$ は $1.148331^4 = 1.738878$，$QQQQ$ は $0.8^4 = 0.4096$，$PQPQ$ と $QPQP$ は $1.04^2 = 1.0816$ だから，
$$\frac{1.738878 + 0.4096 + 1.0816 \times 2}{4} = 1.07792$$
です．次に $PPQQ$，$QPPQ$，$QQPP$，$PQQP$ の固有値は
$$Q^2P^2 = \begin{pmatrix} 0 & 0 \\ 0.1664 & 0.9216 \end{pmatrix}$$
となるから 0.9216 です．また $PPPQ$，$QPPP$，$PQPP$，$PPQP$ の固有値は
$$QP^3 = (QP)P^2 = \begin{pmatrix} 0 & 0 \\ 0.16 & 1.04 \end{pmatrix}\begin{pmatrix} 0.4 & 1.6 \\ 0.16 & 1.04 \end{pmatrix} = \begin{pmatrix} 0 & 0 \\ 0.2304 & 1.3376 \end{pmatrix}$$
となるから 1.3376 です．最後に $PQQQ$，$QPQQ$，$QQPQ$，$QQQP$ の固有値は

$$Q^3 P = Q^2(QP) = \begin{pmatrix} 0 & 0 \\ 0.16 & 0.64 \end{pmatrix} \begin{pmatrix} 0 & 0 \\ 0.16 & 1.04 \end{pmatrix} = \begin{pmatrix} 0 & 0 \\ 0.1024 & 0.6656 \end{pmatrix}$$

となるから 0.6656 です．したがって全体の相加平均は

$$\frac{1.07792 + 0.9216 + 1.3376 + 0.6656}{4} = 1.00068$$

です．これは4年あたりの増加率なので，1年あたりの増加率は $\sqrt[4]{1.00068}=1.00017$ となるから約 0.02％の誤差です．ほとんど無視できますね．

A　よくできました．これで一件落着です．

7・8. そろそろ

T　水産資源解析について概略は把握できました．これからは自分で勉強してみます．

A　独学する際に重要なのは，問題意識が有るか無いかです．どんな優れた論文を読んでも，問題意識を共有していなければ，何にも感じませんから．それから自分と同じ事をやってる人は世界中に必ず2人いますから，タイミングを逃さず，論文を書き上げることも重要です．

T　分かりました．肝に銘じます．ところでじつは今度，アメリカに留学することになったんです．

A　それは素晴らしい．昔，水産研究所のある部長に酒の席で留学を勧められたとき，「外国に行っても学ぶことは何もない」と答えたら，「お前が何を学ぶかはどうでもいい．無事に生きて帰ってくることが重要なんだ」と叱られました．という次第ですから，元気に帰国されることを祈っています．

8. 標準偏差の不偏推定値は $n-1.5$ で割る？

T君 お久しぶりです．

A先生 おや，もう帰国されたんですか？

T いえ，国際シンポのための一時帰国です．ところで先日，「標準偏差の不偏推定は $n-1$ ではなくて $n-1.5$ で割る」という話を耳にしたのですが，本当でしょうか？

A その話は私も聞いたことがあります．さっそくインターネットで調べてみましょう．

T 有名な群馬大学の青木繁伸先生のHPですね．ここです．「統計学関連なんでもあり」のページで「不偏標準偏差」を検索してみると……，ありました！ 2000年に議論されています．Rでシミュレーションされた方がいて，確かに $n-1.5$ で割るのが正しいみたいです．最後の方で統計学に詳しい方が正しい不偏推定量を示しています．その後に $1/n$ の展開式も示されていて，$n-1.5$ で割ればよいと結論が出ています．

A なるほど．では実際に表計算ソフトで確かめてみましょう．

8・1 表計算ソフトによる検算

T 正しい式は

$$2\left(\frac{\Gamma\left(\dfrac{n}{2}\right)}{\Gamma\left(\dfrac{n-1}{2}\right)}\right)^2 \approx n-1.5$$

みたいです．

A Γ はガンマ関数で，階乗を一般化したものですから急激に大きくなります．パソコンではオーバーフローエラーを起こしやすいですね．

T 組込み関数を調べてみると……，GAMMALN という関数がガンマ関数の自然対数値を出してくれるみたいです．

A 上式の自然対数をとると，

$$\ln 2 + 2\left\{\text{GAMMALN}\left(\frac{n}{2}\right) - \text{GAMMALN}\left(\frac{n-1}{2}\right)\right\}$$

となるから，これを求めて指数関数に入れればOKです．

T さっそくやってみます．表8・1のような結果になりました．予想していたよりも高精度です．$n=10$ で誤差が 0.2% 以下になっています．

A もっと小さな値でチェックしてみてください．

T 簡単です（表8・2）．$n=2$ でも誤差が約 20%，$n=3$ で 5% 以下，$n=5$ で 1% 以下ですから，まったく問題ありません．

A 私もこんなに精度が高いとは知りませんでした．先ほどの HP の情報にもありますが，応用統計ハンドブック（奥野ら 1978）の 30 ページに $n=1, \cdots, 6$ について，$n-1$ からの補正値が載っています．たとえば $n=5$ の場合ですと，

表8・1 標準偏差の不偏推定の計算（その1）

n	不偏推定の対数	指数値	$n-1.5$	差	誤差（%）
10	2.141782	8.514595	8.5	0.014595	0.171407
20	2.918135	18.50675	18.5	0.006746	0.03645
30	3.350058	28.50438	28.5	0.004383	0.015376
40	3.650743	38.50325	38.5	0.003246	0.008429
50	3.881617	48.50258	48.5	0.002577	0.005313
60	4.069063	58.50214	58.5	0.002136	0.003652
70	4.22686	68.50182	68.5	0.001825	0.002664
80	4.363119	78.50159	78.5	0.001592	0.002028
90	4.483019	88.50141	88.5	0.001412	0.001596
100	4.590069	98.50127	98.5	0.001269	0.001288
110	4.686761	108.5012	108.5	0.001152	0.001062
120	4.774922	118.5011	118.5	0.001055	0.00089
130	4.855936	128.501	128.5	0.000973	0.000757
140	4.930877	138.5009	138.5	0.000903	0.000652
150	5.000591	148.5008	148.5	0.000842	0.000567
160	5.06576	158.5008	158.5	0.000789	0.000498
170	5.12694	168.5007	168.5	0.000742	0.00044
180	5.184593	178.5007	178.5	0.0007	0.000392
190	5.239102	188.5007	188.5	0.000663	0.000352
200	5.290792	198.5006	198.5	0.00063	0.000317

表8・2 標準偏差の不偏推定の計算（その2）

n	不偏推定の対数	指数値	$n-1.5$	差	誤差(%)
1	#NUM!	#NUM!	−0.5	#NUM!	#NUM!
2	−0.45158	0.63662	0.5	0.13662	21.46018
3	0.451583	1.570796	1.5	0.070796	4.507034
4	0.934712	2.546479	2.5	0.046479	1.82523
5	1.262513	3.534292	3.5	0.034292	0.970258
6	1.510076	4.527074	4.5	0.027074	0.598045
7	1.7088	5.522331	5.5	0.022331	0.404373
8	1.874719	6.518986	6.5	0.018986	0.291249
9	2.017101	7.516506	7.5	0.016506	0.219595
10	2.141782	8.514595	8.5	0.014595	0.171407

$$\sqrt{\frac{3.534292}{4}} = 0.9399859$$

となりますから，ちゃんと 0.940 という値が載っています．かなり大きな誤差だと思っていましたが，$n-1.5$ にすれば，

$$\sqrt{\frac{3.534292}{3.5}} = 1.0048869$$

となりますから無視できますね．

8・2 正しい式を導いてみよう．

T　ところで HP で紹介されていた正しい式はどうやったら出てくるのでしょうか．
A　その前に不偏分散の推定量を復習してみてください．
T　何とか憶えています．残差平方和の期待値を計算すると，

$$E(S^2) = E\left(\sum_{i=1}^{n}(X_i - \overline{X})^2\right) = nE((X_i - \overline{X})^2)$$

となります．ここからどうするんでしたっけ？
A　母平均 μ を足して引いてみてください．
T　ああ，そうでした．

$$E((X_i - \overline{X})^2) = E((X_i - \mu + \mu - \overline{X})^2)$$

$$= E((X_i - \mu)^2) - 2E((X_i - \mu)(\overline{X} - \mu)) + E((\overline{X} - \mu)^2)$$

ここで第 1 項は母分散の定義そのものだから σ^2，第 3 項は平均の分散なので σ^2/n となります．
A　それは OK ですか？
T　ちゃんとやってみます．

$$E((\overline{X} - \mu)^2) = E\left(\left(\frac{X_1 + \cdots + X_n}{n} - \mu\right)^2\right)$$

$$= E\left(\left(\frac{(X_1 - \mu) + \cdots + (X_n - \mu)}{n}\right)^2\right) = \frac{1}{n^2}nE((X_i - \mu)^2) = \frac{\sigma^2}{n}$$

ここで $i \neq j$ のとき X_i と X_j は独立なので，

$$E((X_i - \mu)(X_j - \mu)) = E(X_i - \mu)E(X_j - \mu) = 0$$

を用いました．つまり共分散はすべて0です．

A　よくできました．同じようにすると第2項は $-2\sigma^2/n$ となりますね．

T　したがって全体をまとめると，

$$E(S^2) = (n-1)\sigma^2$$

となるので，

$$E\left(\frac{S^2}{n-1}\right) = \sigma^2$$

を得ます．やれやれです．

A　ご苦労さま．では標準偏差の不偏推定量を求めてみてください．

T　では，さっそく．

$$E(S) = E\left(\sqrt{\sum(X_i - \overline{X})^2}\right)$$

うーん．困りました．根号が出てきてしまいました．

A　実は私も分からないのです．期待値の定義に立ち戻って考えてみましょう．連続モデルにおける期待値の定義は憶えていますか．

T　大丈夫です．$f(x)$を確率変数Xの確率（密度）とすると，

$$E(X) = \int x f(x) \mathrm{d}x$$

で与えられます．

A　最初にまた分散についてやってみましょう．残差平方和S^2を母分散σ^2で割った値を確率変数Xとします．つまり

$$X = \sum_{i=1}^{n} \frac{(X_i - \overline{X})^2}{\sigma^2}$$

とおくと，これは自由度$n-1$のカイ2乗分布に従います．カイ2乗分布の定義式は教科書によると，

$$f_n(x) = \frac{1}{2^{n/2}\Gamma\left(\frac{n}{2}\right)} x^{n/2-1} \mathrm{e}^{-x/2}$$

ですから，やってみてください．

T　これを本当にやるんですか？ とりあえず，やってみます．

$$E(X) = \int x f_{n-1}(x) \mathrm{d}x = \int_0^\infty x \frac{1}{2^{(n-1)/2} \Gamma\left(\frac{n-1}{2}\right)} x^{(n-1)/2-1} \mathrm{e}^{-x/2} \mathrm{d}x$$

$$= \frac{1}{\Gamma\left(\frac{n-1}{2}\right)} \int_0^\infty \left(\frac{x}{2}\right)^{(n-1)/2} \mathrm{e}^{-x/2} \mathrm{d}x$$

一応，きれいな形になりました．
A ガンマ関数の定義式は

$$\Gamma(s) = \int_0^\infty t^{s-1} \mathrm{e}^{-t} \mathrm{d}t$$

ですから，$x=2t$ と置いてみてください．
T $\mathrm{d}x=2\mathrm{d}t$ なので，代入すると，

$$E(X) = \frac{2}{\Gamma\left(\frac{n-1}{2}\right)} \int_0^\infty t^{(n+1)/2-1} \mathrm{e}^{-t} \mathrm{d}t = \frac{2}{\Gamma\left(\frac{n-1}{2}\right)} \Gamma\left(\frac{n+1}{2}\right)$$

となります．ガンマ関数は階乗を一般化したものなので，
$$\Gamma(x+1) = x\Gamma(x)$$
が成立しますから，

$$\Gamma\left(\frac{n+1}{2}\right) = \frac{n-1}{2} \Gamma\left(\frac{n-1}{2}\right)$$

を代入すれば，
$$E(X) = n-1$$

が求まりました．
A ご苦労さま．これより

$$U = \frac{\sigma^2}{n-1} X = \frac{1}{n-1} \sum_{i=1}^n (X_i - \overline{X})^2$$

とおけば，めでたく
$$E(U) = \sigma^2$$

となるので，不偏推定量 U が求まりました．
T これを標準偏差でやればいいのですね．
A そうです．

$$E(\sqrt{X}) = E(X^{1/2})$$

を求めればいいのです.

T 頑張ってやってみます. あれれ, 意外と簡単ですね.

$$E(\sqrt{X}) = \frac{\sqrt{2}}{\Gamma\left(\frac{n-1}{2}\right)} \Gamma\left(\frac{n}{2}\right)$$

となりました. これを2乗した式が最初の正しい式だったのですね.

A その通りです. 実はこの式は小寺 (1986) のp119にある例題そのものだったのです.

$$T = \frac{\Gamma\left(\frac{n-1}{2}\right)}{\sqrt{2}\Gamma\left(\frac{n}{2}\right)} \sigma\sqrt{X}$$

とおくと,

$$E(T) = \sigma$$

となるので一件落着です.

8・3 どうして1.5が出てくるの？

T 標準偏差の不偏推定値を求める場合には$n-1$ではなくて$n-1.5$で割ればいいことは分かりましたが, 1.5というきれいな数字が出てくるにはそれなりの理由があるんでしょうか？

A それはガンマ関数に秘密がありそうです. 分散では

$$\Gamma\left(\frac{n+1}{2}\right) = \frac{n-1}{2}\Gamma\left(\frac{n-1}{2}\right)$$

という関係が重要でした. 標準偏差では

$$\Gamma\left(\frac{n}{2}\right) \approx \sqrt{\frac{n-1.5}{2}}\Gamma\left(\frac{n-1}{2}\right)$$

という近似式が成立しています. この式でnを$n+1$に変更すると,

$$\Gamma\left(\frac{n+1}{2}\right) \approx \sqrt{\frac{n-0.5}{2}}\Gamma\left(\frac{n}{2}\right)$$

となります.

T 分かりました！

$$(n-1.5)(n-0.5) = n^2 - 2n + 0.75 \approx (n-1)^2$$

が味噌なんですね.

A　先ほどの階乗を一般化した漸化式にすると，どうなりますか？
T　$n=2x+1$ を代入すればいいから，最初の式は
$$\Gamma(x+1) = x\Gamma(x)$$
となります．残りは
$$\Gamma\left(x+\frac{1}{2}\right) \approx \sqrt{x-0.25}\,\Gamma(x)$$
$$\Gamma(x+1) \approx \sqrt{x+0.25}\,\Gamma\left(x+\frac{1}{2}\right)$$
です．だから
$$\left(x-\frac{1}{4}\right)\left(x+\frac{1}{4}\right) = x^2 - \frac{1}{16} \approx x^2$$

という関係が成立しているんですね．ようやく合点がいきました．
A　それでは最後に正しい式から $n-1.5$ を導いてみましょう．

8・4　$n-1.5$ を導いてみよう

T　ガンマ関数なんて初めてなので，どうしたらいいのか分かりませんけど．
A　とりあえず $n=10$ の場合をやってみたらどうです．
T　えーと，$n=10$ とすると，
$$\frac{\Gamma(5)}{\Gamma(4.5)} = \frac{4!}{3.5!} = \frac{4\times 3\times 2\times 1}{3.5\times 2.5\times 1.5\times 0.5\times \Gamma(0.5)}$$

となります．$\Gamma(0.5)$ の値は何でしょうか？
A　先ほどの積分の定義が使えるはずです．
T　そうでした．
$$\Gamma\left(\frac{1}{2}\right) = \int_0^\infty t^{-1/2}\mathrm{e}^{-t}\mathrm{d}t$$

となります．この先は部分積分ですか？
A　$t=x^2$ と置くのがよさそうです．
T　なるほど．$\mathrm{d}t=2x\mathrm{d}x$ なので，うまく x がキャンセルされますね．
$$\Gamma\left(\frac{1}{2}\right) = 2\int_0^\infty \mathrm{e}^{-x^2}\mathrm{d}x$$

となりますが，この積分はどこかで見たような？
A　有名な積分で，ガウス積分と呼ばれています．いろいろ方法がありますが，標準正規分布の確

率密度は

$$f(x) = \frac{1}{\sqrt{2\pi}} e^{-x^2/2}$$

ですから，これが使えそうです．

T これは積分すると1になるから，

$$\int_{-\infty}^{\infty} e^{-x^2/2} dx = \sqrt{2\pi}$$

です．ここで $x = \sqrt{2}y$ と置くと，

$$\Gamma\left(\frac{1}{2}\right) = \int_{-\infty}^{\infty} e^{-y^2} dy = \sqrt{\pi} = 1.77245$$

となって，何とか求まりました．ガンマ関数は正規分布に関係していたんですね．

A カイ2乗分布はガンマ分布の一種で，しかも正規分布から導かれる分布ですから，当然なのかもしれません．ガンマ関数のついでにベータ関数についても検討してみましょうか．これらはいずれもオイラーが発見した関数ですから．

T ベータ関数の定義は教科書によると，

$$B(p, q) = \int_0^1 x^{p-1}(1-x)^{q-1} dx$$

です．2変数関数なので難しそうですね．

A ベータ関数はガンマ関数の積で表すことができます．

$$B(p, q) = \frac{\Gamma(p)\Gamma(q)}{\Gamma(p+q)}$$

これを階乗で表すと，

$$B(p, q) = \frac{(p-1)!(q-1)!}{(p+q-1)!} = \frac{1}{(p+q-1)} \frac{1}{\binom{p+q-2}{p-1}}$$

となりますから，ベータ関数は組合せ数を一般化したものです．

T なるほど．でも，これをどう使うんですか．

A $p = q = 1/2$ の時の値を求めてみてください．

T あ，そうか！

$$B\left(\frac{1}{2}, \frac{1}{2}\right) = \frac{\Gamma\left(\frac{1}{2}\right)\Gamma\left(\frac{1}{2}\right)}{\Gamma(1)} = \left(\Gamma\left(\frac{1}{2}\right)\right)^2$$

となるから $\Gamma(0.5)$ の値が求まりそうです．積分の定義式の方は

$$B\left(\frac{1}{2},\frac{1}{2}\right)=\int_0^1\frac{dx}{\sqrt{x(1-x)}}$$

となりますが，この先は……そうか！ $x=\sin^2 t$ とおくと

$$\int_0^1\frac{dx}{\sqrt{x(1-x)}}=\int_0^{\pi/2}\frac{2\sin t\cos t\,dt}{\sin t\cos t}=\int_0^{\pi/2}2dt=\pi$$

となって，きれいに π が求まりました．

A お見事です．根号の中が2次式なので逆三角関数も使えそうです．$x=(1+y)/2$ とおくと，

$$B\left(\frac{1}{2},\frac{1}{2}\right)=\int_{-1}^1\frac{dy}{\sqrt{1-y^2}}=[\arcsin y]_{-1}^1=\frac{\pi}{2}-\left(-\frac{\pi}{2}\right)=\pi$$

となって，同じ解が求まります．

T 逆三角関数は苦手なので，ほとんど使ったことがありません．

A 私もあまり使いません．でもライプニッツが考案した微積分の記号は実に良くできていて，$y=\sin x$ とおくと，

$$\frac{dy}{dx}=\cos x=\sqrt{1-\sin^2 x}=\sqrt{1-y^2}$$

となりますから，

$$\frac{dy}{\sqrt{1-y^2}}=dx$$

と変形できます．この両辺を積分すると，

$$\int\frac{dy}{\sqrt{1-y^2}}=\int dx=x=\arcsin y$$

となるので簡単に導けます．積分記号の s と微分記号の d が打ち消しあって，きれいに x が出てきます．後は積分区間を間違えないことですね．習うより慣れろでしょう．

T 積分記号の s はライプニッツが縦にひきのばしたと聞いていますが……

A ああ，それは俗説で，当時の s の筆記体だそうです（志賀 2009）．

T いま気がつきましたが，

$$B\left(\frac{3}{2},\frac{3}{2}\right)=\frac{\Gamma\left(\frac{3}{2}\right)\Gamma\left(\frac{3}{2}\right)}{\Gamma(3)}=\frac{1}{8}\left(\Gamma\left(\frac{1}{2}\right)\right)^2$$

となるので，先ほどと同じ変換 $x=(1+y)/2$ を使うと，

$$B\left(\frac{3}{2},\frac{3}{2}\right) = \int_0^1 \sqrt{x(1-x)}\,\mathrm{d}x = \frac{1}{4}\int_{-1}^1 \sqrt{1-y^2}\,\mathrm{d}y = \frac{\pi}{8}$$

となって「円の面積」から求まります．

A なるほど，こういう方法もありましたか．じつは部分積分を使うと，

$$\int_{-1}^1 \sqrt{1-x^2}\,\mathrm{d}x = \left[x\sqrt{1-x^2}\right]_{-1}^1 - \int_{-1}^1 \frac{-x^2}{\sqrt{1-x^2}}\,\mathrm{d}x = -\int_{-1}^1 \frac{1-x^2-1}{\sqrt{1-x^2}}\,\mathrm{d}x$$

$$= -\int_{-1}^1 \sqrt{1-x^2}\,\mathrm{d}x + \int_{-1}^1 \frac{\mathrm{d}x}{\sqrt{1-x^2}}$$

となるので，

$$\int_{-1}^1 \frac{\mathrm{d}x}{\sqrt{1-x^2}} = 2\int_{-1}^1 \sqrt{1-x^2}\,\mathrm{d}x = \pi$$

が求まります．これらについては一松（1979b）にコンパクトにまとめられています．ここらでそろそろ本題に戻りましょうか．

T 忘れかけていました．

$$\frac{\Gamma(5)}{\Gamma(4.5)} = \frac{4!}{3.5!} = \frac{4 \times 3 \times 2 \times 1}{3.5 \times 2.5 \times 1.5 \times 0.5 \times \Gamma(0.5)} = \frac{8 \times 6 \times 4 \times 2}{7 \times 5 \times 3 \times 1 \times \sqrt{\pi}}$$

と書けます．これからどうしましょうか？

A この式は

$$n!! = n(n-2)(n-4)\cdots$$

を使って，

$$\frac{4!}{3.5!} = \frac{8!!}{7!!\sqrt{\pi}}$$

と書くことができます．$n!$ の値は急激に大きくなるのでビックリ記号を用いるという説がありますが，$n!!$ は掛け合わせる数が2ずつ増加するので2倍ビックリするというわけです．ここで

$$(2n)!! = 2^n n!$$
$$(2n-1)!! = \frac{(2n)!}{(2n)!!} = \frac{(2n)!}{2^n n!}$$

という公式が使えそうです．

T とりあえず $n=4$ を代入してみます．

$$8!! = 2^4 4! = 8 \times 6 \times 4 \times 2$$

$$7!! = \frac{8!}{2^4 4!} = \frac{8 \times 7 \times 6 \times 5 \times 4 \times 3 \times 2 \times 1}{8 \times 6 \times 4 \times 2} = 7 \times 5 \times 3 \times 1$$

となりますから，確かに成立しています．以上をまとめてみると，$n=10$ のとき

$$\frac{\Gamma(5)}{\Gamma(4.5)} = \frac{4!}{3.5!} = \frac{(2^4 4!)^2}{8!\sqrt{\pi}}$$

となります．したがって $n=2m$ の場合には

$$\frac{((m-1)!)^4}{((2m-2)!)^2} \frac{2^{4m-3}}{\pi} \approx 2m - 1.5$$

を証明すればいいことになります．さて，どうしましょうか？

A　両辺の対数をとるのが妥当でしょう．右辺は

$$\ln(2m - 1.5) = \ln(2m) + \ln\left(1 - \frac{1.5}{2m}\right) \approx \ln(2m) - \frac{1.5}{2m}$$

となりますから，左辺の対数からこれを導けば OK です．階乗については有名なスターリングの公式

$$n! \approx \sqrt{2\pi n}\, n^n e^{-n}$$

を使えばうまくいくと思います．

T　π については分母と分子でキャンセルするので，結局，

$$(4m-2)\ln 2 + 4\{(m-0.5)\ln(m-1) - (m-1)\} - 2\{(2m-1.5)\ln(2m-2) - (2m-2)\}$$
$$= \ln(2m-2)$$

となります．変ですね．0.5 だけ一致しません．

A　もしかしたらスターリングの公式の精度が悪いのかもしれません．補正項

$$\exp\left(\frac{1}{12n}\right)$$

を掛けると精度が格段に向上することが一松（1981）に書かれていますから，これを追加してみてください．

T　やってみますと，

$$\frac{4}{12(m-1)} - \frac{2}{12(2m-2)} = \frac{1}{4(m-1)} \approx \frac{0.5}{2m}$$

となりますから，0.5 が出てきました．やれやれです．

A　まだ $n=2m+1$ の場合が残っていますから，これも片づけてしまいましょう．
T　もう頭がパンパンですが，やってみます．

$$2\left(\frac{\Gamma\left(m+\frac{1}{2}\right)}{\Gamma(m)}\right)^2 = 2\left(m-\frac{1}{2}\right)^2\left(\frac{\Gamma\left(m-\frac{1}{2}\right)}{\Gamma(m)}\right)^2 \approx 2\frac{\left(m-\frac{1}{2}\right)^2}{\frac{2m-1.5}{2}} = 2\frac{m^2-m+0.25}{m-0.75}$$

$$\approx 2(m-0.25) = 2m-0.5 = n-1-0.5 = n-1.5$$

となって，めでたく $n-1.5$ が出てきました．

A　ご苦労さま．これで一段落ですね．
T　$n-1.5$ への収束が非常に速かったので証明も簡単かと思っていましたが，意外と大変でした．
A　何事も精度を上げるのは大変なんでしょう．

8・5　ウォリスの公式って何？

A　ところで計算の途中で偶数の積を奇数の積で割りましたが，これについてウォリスの公式という有名な式があります．

$$\frac{2\times 2}{1\times 3}\times\frac{4\times 4}{3\times 5}\times\frac{6\times 6}{5\times 7}\times\cdots \to \frac{\pi}{2}$$

という式です．

T　何とも不思議な公式ですね．いつ頃発見されたのですか？
A　1655 年だそうで，ニュートンが微積分を確立するより前です．有理数の無限積で π を表していて，いろいろ変形できるので応用が広いそうです．この公式は先ほどの一松先生の本を参考にすると，

$$\frac{(2n-1)!!}{2n!!}\sqrt{n\pi} \to 1$$

と定式化できます．この式に $n=m-1$ を代入して変形するとどうなりますか？

T　まさかとは思いますが，代入して 2 乗すると……あれえ，

$$\frac{((m-1)!)^4}{((2m-2)!)^2}\frac{2^{4m-3}}{\pi} \to 2(m-1)$$

となって，先ほどの式とほとんど一致しました．ということは，標準偏差の正しい不偏推定を求めることは，数学的にはウォリスの公式の精密化ということなんでしょうか？

A　そのようですね．先ほどの一松先生の本に引用されている一松（1979a）を見てみると，補正項は $1/4n$ ですから，

$$\frac{1}{4n}=\frac{1}{4(m-1)}$$

となるので完全に一致します．

8・6　不偏推定量について

T　ところで青木先生のHPでも話題になっていましたが，標準偏差では$n-1$ではなくて$n-1.5$で割った方がよいという事実が，どうして教科書に載っていないのでしょうか？

A　それは良い質問ですね．最初に分散の不偏推定量について2つの証明をやってもらいましたが，何か違いはありませんでしたか？

T　両方とも期待値を求めましたが……，あ，そうか！　後者の証明ではカイ2乗分布を用いました．ということは後者では正規分布を仮定しているんですね．

A　その通りです．標準偏差では後者の証明しかできませんでしたから，$n-1.5$で割るのは正規分布の場合だけです．最初に紹介しました応用統計ハンドブックにも「(係数)の値は分布の形や標本の大きさnによって決まる定数である」と明記されています．これに対し，最初に導いた分散の不偏推定量では通常の期待値の計算しか使っていませんから，どのような分布でもOKです．ですから通常の教科書には不偏分散についての記述しか載ってないのでしょう．

T　なるほど．納得しました．それからHPでは用語として標本分散と不偏分散の区別が明瞭でないことや，多くの統計ソフトでは不偏分散の平方根の値を不偏標準偏差として採用していることが問題となっていました．

A　確かにその通りで，とりわけ用語の問題は困ったものです．ただ，平均と分散の値だけを明示すればよいという態度自体が問題のように思います．データ数nや，分散の推定ではnまたは$n-1$のどちらで割ったかを必ず明記すべきでしょう．そうすれば，目的によって後でいくらでも修正できますから．昔の文献では平均や分散しか明示されてなくて，最近の値と比較する際に困ったことがあります．

T　これで不偏推定量の問題は一件落着ですね．そろそろ思考停止みたいです．

A　それではコーヒーブレイクにしましょうか．

9. ウォリスの公式再び

T君 先日は久しぶりに積分計算なんかやったので頭がパニくってしまいましたが、ようやく回復してきました．

A先生 数学は「習うよりもなれろ」ですから、頭が回復しているうちにどんどんやってしまいましょう．集中的にやった方が効果的です．

T それでウォリスの公式の精密化についてですけど、どうして $1/4n$ が出てくるのかイマイチよく分からなかったのですが……

A それならここに先日の一松先生の論文（一松 1979a）がありますから、一緒に解読しましょう．

9・1 ウォリスの公式の精密化

T B5判2段組で実質1ページちょっとの論文ですね．該当部分は「2. Wallis の公式の精密化」でたった17行です．何を書いているのかサッパリ分かりませんけど．

A 数学の論文なので必要なことはすべて書き込まれているはずです．1行ずつ読んでみてください．

T 最初に定積分

$$a_m = \int_0^{\pi/2} \sin^m t \, dt$$

を定義しています．

A これは教科書によると「ウォリス積分」と呼ばれているみたいです．

T これから漸化式

$$a_m = \frac{m-1}{m} a_{m-2}$$

が出てきます．部分積分によると書いていますが……

A そうですね．

$$\sin^m t = (1 - \cos^2 t)\sin^{m-2} t = \sin^{m-2} t - \cos t \times \cos t \sin^{m-2} t$$

と変形すれば求まります．

T 最後の項を部分積分するんですね．なるほど、出てきました．これより

$$a_{2n} = \frac{(2n-1)!!}{(2n)!!} \frac{\pi}{2}$$

$$a_{2n+1} = \frac{(2n)!!}{(2n+1)!!}$$

となります．初項はそれぞれ

$$a_0 = \int_0^{\pi/2} 1 dt = \frac{\pi}{2}$$

$$a_1 = \int_0^{\pi/2} \sin t \, dt = 1$$

です．ここまでは OK です．

A　奇数と偶数で系列が異なるのが味噌です．通常はここで，

$$\frac{a_{2n-1}}{a_{2n}} = \frac{(2^n n!)^4}{((2n)!)^2} \frac{1}{n\pi} \to 1$$

を示せばウォリスの公式が求まります．これはそんなに難しくないです．

T　ここで相加平均と相乗平均の不等式を使うみたいですが……？
A　サイン関数に直接使うようですね．これがこの論文の肝です．
T　あ，そうか．

$$\frac{\sin^{m-1} t + \sin^{m+1} t}{2} \geq \sqrt{\sin^{2m} t} = \sin^m t$$

を使うんですね．これは上手いなぁ．積分すると，

$$\frac{a_{m-1} + a_{m+1}}{2} \geq a_m$$

となります．

A　ここで $m=2n$ とした不等式を，先ほど求めた a_{2n+1} で割ってみてください．
T　やってみると……，おお，

$$\frac{a_{2n}}{a_{2n+1}} \leq \frac{4n+1}{4n}$$

が求まりました．なるほど！　補正項の $1/4n$ が出てきそうです．

A　その前に下限の方も出してみてください．
T　先ほど求めた a_{2n} を，$m=2n+1$ とした不等式で割ればいいんですね．やってみると……，なるほど

$$\frac{4n+4}{4n+3} \leq \frac{a_{2n}}{a_{2n+1}}$$

が求まりました．論文の通りです．

A　それでは最後に，論文の最後の不等式を証明してみてください．

T 最初に上限の方をやってみます．

$$\ln\left(\frac{a_{2n}}{a_{2n+1}}\right) - \frac{1}{4n} \leq \ln\left(\frac{4n+1}{4n}\right) - \frac{1}{4n} = \ln\left(1 + \frac{1}{4n}\right) - \frac{1}{4n} \leq 0$$

を示せばいいのですが，これは簡単ですね．
$$\ln(1+x) \leq x$$
はグラフを描けば明らかです．

A グラフで証明すると厳格な先生から叱られるかもしれませんよ．対数関数は指数関数の逆関数なので，

$$1 + x \leq e^x = 1 + x + \frac{x^2}{2} + \cdots$$

を用いるのが安全でしょう．下限の方はどうなりますか？

T これはちょっと難しそうです．

$$\ln\left(\frac{a_{2n}}{a_{2n+1}}\right) - \frac{1}{4n} \geq \ln\left(\frac{4n+4}{4n+3}\right) - \frac{1}{4n} \geq \frac{-1}{4n(n+1)}$$

を示すんですね．うーん．変形して，

表9・1 不等式の計算

n	$4n+3$	$4n+4$	$\ln\frac{4n+4}{4n+3}$	$\frac{1}{4n+4}$	差
0	3	4	0.287682	0.25	0.037682
1	7	8	0.133531	0.125	0.008531
2	11	12	0.087011	0.083333	0.003678
3	15	16	0.064539	0.0625	0.002039
4	19	20	0.051293	0.05	0.001293
5	23	24	0.04256	0.041667	0.000893
6	27	28	0.036368	0.035714	0.000653
7	31	32	0.031749	0.03125	0.000499
8	35	36	0.028171	0.027778	0.000393
9	39	40	0.025318	0.025	0.000318
10	43	44	0.02299	0.022727	0.000262
11	47	48	0.021053	0.020833	0.00022
12	51	52	0.019418	0.019231	0.000187
13	55	56	0.018019	0.017857	0.000161
14	59	60	0.016807	0.016667	0.00014
15	63	64	0.015748	0.015625	0.000123
16	67	68	0.014815	0.014706	0.000109
17	71	72	0.013986	0.013889	9.74E−05
18	75	76	0.013245	0.013158	8.73E−05
19	79	80	0.012579	0.0125	7.88E−05
20	83	84	0.011976	0.011905	7.14E−05

$$\ln\left(1+\frac{1}{4n+3}\right)-\frac{1}{4(n+1)} \approx \frac{1}{4n+3}-\frac{1}{4n+4} = \frac{1}{(4n+3)(4n+4)} \geq 0$$

となって示せました！「n が十分大なとき」と書いてますから，これで OK です．

A　ご苦労さま．これで補正項 $1/4n$ が証明できました．ところで不等式

$$\ln\left(1+\frac{1}{4n+3}\right)-\frac{1}{4(n+1)} \geq 0$$

はどれくらい n が大きなときに成立するのか気になりませんか？

T　それでは表計算ソフトで確かめてみます（表 9・1）．これをみると，$n=0, 1, 2, \cdots$ で常にこの不等式は成立しているんですね．

A　そのようですね．結局，n と無関係に常に成立するギリギリの評価ということになります．

T　さすがに数学者の論文は隙がないですね．たった 17 行なのに恐れ入りました．ところで通常は a_{2n-1}/a_{2n} を用いるのに，この論文では a_{2n}/a_{2n+1} を用いています．どうしてでしょうか？

A　もちろん a_{2n-1}/a_{2n} でも示せます．ただ，$n \to n-0.5$ となってしまうから数式がちょっと見づらくなります．暇なときに検討してみてください．せっかくですから，ウォリスの公式を用いて正規分布の積分を求めてみましょう．

9・2　正規分布の積分

T　先日使用した積分

$$I = \int_{-\infty}^{\infty} e^{-x^2/2} dx = \sqrt{2\pi}$$

ですか？

A　ええ．これは一松（1981）の p186 に演習問題の解答として載っています．もちろん多くの微積分の教科書にも載っています．

T　ははあ，ウォリスの公式で挟み撃ちにするんですね．ちょっとこの変形は思いつきません．

A　そうですね．最初の変数変換

$$I = 2\int_0^{\infty} e^{-x^2/2} dx = 2\sqrt{2n}\int_0^{\infty} e^{-nt^2} dt$$

が味噌です．$x=\sqrt{2n}t$ とおいて n を導入しています．

T　ウォリスの公式が使えるようにするための変形ですね．

A　ここで先ほど示した不等式

$$1+x \leq e^x$$

を用います．

$$1-t^2 \leq e^{-t^2}$$

を積分に入れて，

$$I > 2\sqrt{2n}\int_0^1 (1-t^2)^n \, dt$$

を得ます.

T ははあ, 下限の評価なので積分区間を短くしても OK なんですね. この積分は部分積分でもできそうですけど……, そうか, $t = \sin\theta$ とおくとウォリス積分

$$a_{2n+1} = \int_0^{\pi/2} \cos^{2n+1}\theta \, d\theta$$

になります.

A よくできました. ウォリスの公式は

$$\frac{(2n-1)!!}{(2n)!!}\sqrt{n\pi} \to 1$$

と書けます. したがって下限は $n \to \infty$ のとき

$$2\sqrt{2n}\,a_{2n+1} = 2\sqrt{2n}\,\frac{(2n)!!}{(2n+1)!!} = \frac{2\sqrt{2n}}{2n+1}\frac{(2n)!!}{(2n-1)!!} \approx \frac{\sqrt{2}}{\sqrt{n}}\frac{(2n)!!}{(2n-1)!!} \to \sqrt{2\pi}$$

となります. 上限の方は,

$$e^{-t^2} = \frac{1}{e^{t^2}} \le \frac{1}{1+t^2}$$

を用いればいいですね.

T 同様にやってみます.

$$I < 2\sqrt{2n}\int_0^\infty \frac{dt}{(1+t^2)^n}$$

となりますから, 今度は $t = \tan\theta$ と置くのがよさそうです. うーん. ウォリス積分

$$a_{2n-2} = \int_0^{\pi/2} \cos^{2n-2}\theta \, d\theta$$

になりました. ウォリス積分は添え字 m について単調減少だから, 下限の値よりも大きいので, これで合っています.

$$2\sqrt{2n}\,a_{2n-2} = 2\sqrt{2n}\,\frac{(2n-3)!!}{(2n-2)!!}\frac{\pi}{2} = \frac{\pi\sqrt{2n}\,2n}{2n-1}\frac{(2n-1)!!}{(2n)!!} \approx \pi\sqrt{2n}\,\frac{(2n-1)!!}{(2n)!!} \to \sqrt{2\pi}$$

となるから, 挟み撃ちの原理より無事に正規分布の積分値が求まりました. しかし, 最初の変数変換はとても思いつきません.

A もしかしたらガウスの誤差関数から思いついたのかもしれません. 正規分布は最初にド・モアブルが 2 項分布の近似として導き, 後にラプラスが一般化しました. つまり 2 項分布

$$f(x) = \binom{n}{x} p^x (1-p)^{n-x}$$

において，$n \to \infty$ とすると正規分布

$$f(x) = \frac{1}{\sqrt{2\pi\sigma^2}} \exp\left(-\frac{1}{2}\frac{(x-\mu)^2}{\sigma^2}\right)$$

になるわけです．ここで $\mu=np$, $\sigma^2=np(1-p)$ です．

T　うーん．実際に証明するのは難しそうですね．
A　ええ．実際に大変です．しかし結果を予測して，

$$z = \frac{x-np}{\sqrt{np(1-p)}}$$

を用いて変形すれば何とかなります．必要なのはスターリングの公式と対数関数の近似だけです．他に差分を用いる方法もありますが，これらは昔，赤嶺（1989b）に書いたので後で参照してください．

T　20年前ですか．先生が僕と同じ年齢の頃ですね．
A　そうですね．油断していると，あっという間ですよ．それで本題に戻りますが，これとは別にガウスは誤差関数として正規分布を導きました．
T　それで正規分布をガウス分布とか誤差分布とか呼ぶんですね．
A　ガウスは次のような思考実験を行いました．水平な x-y 平面の原点の上空から球を落とします．球はいろいろな影響を受けて原点の周りに落下します．その落下点の確率を考えたわけです．
T　なるほど．2次元正規分布になりそうです．
A　点 (x,y) に落ちる確率を考えると，x 方向と y 方向は独立なので $f(x)f(y)$ と書けます．
T　積の法則ですね．
A　しかも原点を中心とした同心円上では等確率になりますから，$r=\sqrt{x^2+y^2}$ としたとき，たとえば x 軸上の点 $(r,0)$ と等確率になるので，関数方程式

$$f(x)f(y) = f\left(\sqrt{x^2+y^2}\right) f(0)$$

が導けます．

T　なるほど．この方程式の解として，誤差関数

$$f(x) = Ae^{-hx^2}$$

が求まるのですね．確かに解になっています．
A　ここで $h \to \infty$ とすると，これは $\sigma^2 \to 0$ と同じ事ですが，正規分布は超関数であるディラックのデルタ関数に収束します．ですから，先ほどの変数変換は専門家にとってみれば，ある意味，自然なのかもしれません．

9・3 サイン関数の無限積表示

A ところで話は変わりますが,サイン関数の級数展開は憶えていますか？

T 何となく憶えていますが,ちょっと自信がありません.

A 指数関数の級数展開は憶えているでしょう.

T これは大丈夫です.先ほども出てきましたし.

$$e^x = 1 + x + \frac{x^2}{2} + \frac{x^3}{3!} + \frac{x^4}{4!} + \frac{x^5}{5!} + \cdots$$

です.

A この式だけは憶えている人が多いですね.微積分で一番重要な式かもしれません.これにオイラーの公式

$$e^{iy} = \cos y + i \sin y$$

を用いると,簡単にコサインとサインの級数展開が求まります.

T そうでした.さっそく代入してみます.

$$e^{ix} = 1 + ix - \frac{x^2}{2} - i\frac{x^3}{3!} + \frac{x^4}{4!} + i\frac{x^5}{5!} + \cdots$$

$$= 1 - \frac{x^2}{2} + \frac{x^4}{4!} - \cdots + i\left(x - \frac{x^3}{3!} + \frac{x^5}{5!} - \cdots\right)$$

となりますから,

$$\cos x = 1 - \frac{x^2}{2} + \frac{x^4}{4!} - \cdots$$

$$\sin x = x - \frac{x^3}{3!} + \frac{x^5}{5!} - \cdots$$

が求まりました.

A それではサイン関数の無限積表示はご存じですか？

T 何のことかサッパリ分かりません.

A 実はオイラーがこれをやりました.サイン関数が0となるのは$x = 0, \pm\pi, \pm 2\pi, \cdots$のときなので,これらを無限次の多項式の解とみなして,

$$\sin x = x\left(1 - \frac{x^2}{\pi^2}\right)\left(1 - \frac{x^2}{4\pi^2}\right)\left(1 - \frac{x^2}{9\pi^2}\right)\cdots$$

と因数分解してしまったのです.

T 何だかとても信じられない式ですね.これは正しいのですか？

A ええ,結果的に正しい式です.Hairer & Wanner（1996）の図 5.5 にグラフが載っています.

$-\pi < x < \pi$ の範囲であれば少ない項数で収束します．この式に $x = \pi/2$ を代入してみてください．

T ええと，

$$1 = \frac{\pi}{2}\left(1-\frac{1}{4}\right)\left(1-\frac{1}{16}\right)\left(1-\frac{1}{36}\right)\cdots$$

$$= \frac{\pi}{2}\left(1-\frac{1}{2}\right)\left(1+\frac{1}{2}\right)\left(1-\frac{1}{4}\right)\left(1+\frac{1}{4}\right)\left(1-\frac{1}{6}\right)\left(1+\frac{1}{6}\right)\cdots$$

となるから，結局，

$$\frac{2}{\pi} = \frac{1\times 3}{2\times 2} \times \frac{3\times 5}{4\times 4} \times \frac{5\times 7}{6\times 6} \times \cdots$$

となります．おお，これはウォリスの公式そのものですね．ということはサイン関数の無限積表示はウォリスの公式の一般化なんですね．

A そうなりますね．それから級数展開と無限積表示との x^3 の係数を比較すると，

$$\zeta(2) = 1 + \frac{1}{2^2} + \frac{1}{3^2} + \frac{1}{4^2} + \cdots = \frac{\pi^2}{6}$$

が導けます．これは当時，多くの数学者が求め続けていた値で，オイラーによって初めて発見された値です．同様に係数を比較して，

$$\zeta(4) = 1 + \frac{1}{2^4} + \frac{1}{3^4} + \frac{1}{4^4} + \cdots = \frac{\pi^4}{90}$$

$$\zeta(6) = 1 + \frac{1}{2^6} + \frac{1}{3^6} + \frac{1}{4^6} + \cdots = \frac{\pi^6}{945}$$

$$\zeta(8) = 1 + \frac{1}{2^8} + \frac{1}{3^8} + \frac{1}{4^8} + \cdots = \frac{\pi^8}{9450}$$

などが得られます．

T なかなか素直な感じです．

A もちろんオイラーは係数についての漸化式を求めて，それから計算していったのですが，

$$\zeta(10) = 1 + \frac{1}{2^{10}} + \frac{1}{3^{10}} + \frac{1}{4^{10}} + \cdots = \frac{\pi^{10}}{93555}$$

$$\zeta(12) = 1 + \frac{1}{2^{12}} + \frac{1}{3^{12}} + \frac{1}{4^{12}} + \cdots = \frac{691\pi^{12}}{638512875}$$

となって，$\zeta(12)$ で分子に突然 691 という素数が出てきました．

T これは予測不能です．

A それでオイラーはベルヌイ数との関係に気づいたそうです．

T　うーん．ベルヌイ数ですか．あまり水産とは関係なさそうな？
A　そうですね．でも，VPA（コホート解析）の永井法では，

$$\Psi \approx \frac{M}{1-e^{-M}}$$

という近似を行いますが，ここで $M = -x$ とおくと，

$$\phi(x) = \frac{x}{e^x - 1}$$

という関数になります．じつはこれ，ベルヌイ数の母関数なんです．なお，一般に $\zeta(s)$ をゼータ関数と呼んで，数論の最重要のテーマになっているそうです．

9・4　補足的な話

A　ところでウォリスの公式は

$$\frac{(2n-1)!!}{(2n)!!} = \frac{(2n)!}{2^{2n}(n!)^2} = \binom{2n}{n}\left(\frac{1}{2}\right)^n\left(\frac{1}{2}\right)^n \to \frac{1}{\sqrt{n\pi}}$$

とも書けますが，これは $p = 1/2$ とした2項分布の特別な値になっています．たとえばコインを $2n$ 回投げて表と裏がちょうど半分ずつ出る確率の極限が $1/\sqrt{n\pi}$ となることを意味しています．天体力学と確率論の大家であったラプラスは，このような現象に円周率 π が関係していることに，非常に驚いたそうです．

T　あ，もしかしてコインが丸いからじゃないですか！　いえ，今のは冗談です．
A　2項分布は正規分布で近似できるから，正規分布の式にも π が出てくるわけです．ところでこれは余談ですが，組合せ数

$$\binom{2n}{n} = \frac{(2n)!}{(n!)^2}$$

について面白い話があります．放浪の天才数学者として有名だったエルデシュが「n と $2n$ の間には必ず素数が存在する」というベルトラン仮説を，これを使って証明したのです．証明自体はチェビシェフが既にやっていたのですが，エルデシュは19歳のときに出した論文でこれを初等的に証明しました．もし素数が存在しなかったら，この組合せ数は実際の値よりも小さくなって矛盾するという論法です．

T　19歳とは恐れ入りますね．
A　この論文の内容は，天書の証明（Aigner & Ziegler 2000）に載っています．この本には $\zeta(2)$ を求める初等的な方法もいくつか載っていて，なかでも

$$x = \frac{\sin u}{\cos v}, \quad y = \frac{\sin v}{\cos u}$$

という「魔法のような」変数変換を用いる方法には驚きました．

T 天書って何ですか？

A The Book の訳ですが，神の書でしょうか．エルデシュが好んだ美しい証明だけが載っている本です．ところで話をもとに戻すと，スターリングの公式の補正項は

$$\exp\left(\frac{1}{12n} - \frac{1}{360n^3} + \frac{1}{1260n^5} - \frac{1}{1680n^7} + \frac{1}{1188n^9} - \frac{691}{360360n^{11}} + \cdots\right)$$

です．これはハイラー・ワナーの教科書にも載っていますが，オイラー・マクローリン展開を用いれば求まります．

T またしてもオイラーですか．本当にとんでもない人ですね．ところでオイラー・マクローリン展開って何ですか？

A それは教科書を読んでください．私も1回しか使ったことがありません．最初に知ったのは，森口（1978）を読んだときです．「夢のような話－演算子」の章で「ずらし演算子」を用いたオイラー変換の後に出てきて，最後にベルヌイ数も出てきます．

T オイラーについて興味がわいてきましたが，何かお薦めの本はありませんか？

A 2007年はオイラー生誕300周年でしたのでいろいろ本が出ていますが，一番のお薦めは，オイラー入門（Dunham 1999）です．詳しい日本語版解説が付いているので，訳本の方がお薦めです．

T なるほど．ヘロンの公式などギリシャ時代のものから解説していますね．オイラー以降のものとしてモーリーの定理が載っていますが，これは僕も知っています．三角形の内角の3等分線のうち，各辺に近い線同士の交点が正三角形になるという非常に美しい定理ですよね．

A ええ，有名な定理で，19世紀末まで発見されませんでした．昔の本にはモーレーの定理と記されていたのですが，実際の発音はモーリーなんでしょうかね．証明が難しいことでも有名ですが，この本の日本語版解説には非常に簡潔な証明が引用されていて，その意味でもお薦めです．ところでこの定理に関しては個人的な思い出があります．

T ははあ．

A 私が高校時代から愛読している石谷茂先生が書かれた数学ひとり旅（石谷1998）という本で，三角関数を用いてこの定理を証明していますが，その中にサインの3倍角の公式が出てきます．

T 高校数学で出てくるあれですね．

A 加法定理を繰り返すと，

$$\sin 3\theta = 3\sin\theta - 4\sin^3\theta$$

という3倍角の公式が出てきますが，これだとうまく使えません．それで石谷先生は頑張って

$$\sin 3\theta = 4\sin\theta \sin\left(\frac{\pi}{3} - \theta\right)\sin\left(\frac{\pi}{3} + \theta\right)$$

という公式を導き，モーリーの定理を証明しましたが，一般的なn倍角の公式の証明に苦労されています．

T こんな公式があるとは知りませんでした．

A 数学者も知らなかったのだから無理ないです．しかし自分で証明してしまうところが石谷先生らしいです．ところが同じ頃に購入したオイラーの無限解析（Eulero 1748）をパラパラ見ていたら，同じ n 倍角の公式を発見しました．まったくの偶然ですが，非常に驚きました．

T ということは，オイラーがモーリーの定理に気づいていたら，たちどころに証明していたわけですね．

A おそらくそうでしょう．まぁ，モーリーの定理は証明よりも発見することに意味がありますね．オイラーやガウスでさえも気づかなかったのですから．それにしても「和を必ず積で表してしまう」オイラーの腕力には本当に脱帽です．これに関してはもっと有名な例がありますが，その前にコーヒーブレイクにしましょうか．

10. オイラー

T君 このところ慣れない計算ばかりやったので，頭がマヒしてきました．

A先生 それでは中休みということで，オイラーについて雑談しましょうか．

T そういえば「オイラー入門」を買ったのですが，まだ読んでないです．
A まぁ，雑談なので，読んでなくても大丈夫です．

10・1 オイラーの公式
T オイラーといえば何といってもオイラーの公式
$$e^{i\pi} = -1$$
が有名ですよね．記憶が数時間しかもたない博士が愛した数式として小説がベストセラーになって，映画にもなりました．

A ええ．この式を変形した
$$e^{i\pi} + 1 = 0$$
の方を好む人もいます．和の単位元である 0 と，積の単位元である 1 も現れているからです．ベストセラーの公式もこれでした．

T 非常にインパクトのある式ですね．
A でも私は何にも感じないんですよ．重要なのは関係式
$$e^{iy} = \cos y + i \sin y$$
であって，特定の数値ではないように思います．

T ははあ．
A というのも高校1年のとき「複素数は四則演算（和差積商）で閉じている」と習ったのですが，それでは 2 の i 乗とか，i の i 乗とかはどんな値になるのか，丸一日考えたのですが分かりませんでした．

T 指数関数の定義式
$$e^x = 1 + x + \frac{x^2}{2} + \frac{x^3}{3!} + \frac{x^4}{4!} + \frac{x^5}{5!} + \cdots$$

を知らないと無理でしょうね．

A つまり微積分を知らないと無理なのですが，高校3年になって微積分を習ってからでも思い至りませんでした．まぁ，受験勉強で忙しかったせいもありますが，この式の x に iy を代入する

のは，そんなに簡単に思いつくことではないと思います．

T それなりのセンスが必要なんでしょうか．

A 虚数 i も実数と同格であって，何ら区別する必要はないという認識が必要なんだと思います．一般の人は $e^{i\pi}=-1$ という式を見たら，虚数 i に何か神秘的な力が働いているような錯覚を起こすのではないでしょうか．ところで 2 や i の i 乗の値は分かりますか？

T 2 は e に近いので何とかなりそうですが，i の方はちょっと予想が……

A その前に歴史的な話をしますと，じつは複素数の対数，実際には負の値の対数について大論争があったのです．オイラーの公式はその論争に終止符を打った意味でも，非常に重要です．

T なるほど．負の値の対数は確か再生産式の一般型のところで話題になりましたね．でも複素数が四則演算で閉じているのなら，負の値の対数も定義できそうです．

A それで対数からオイラーの公式を導く方法が，たとえば梅田（1999）にあります．最初に次の部分分数分解を考えます．

$$\frac{1}{1+x^2} = \frac{1}{2}\left(\frac{1}{1+ix} + \frac{1}{1-ix}\right)$$

T 確かに複素数の範囲では，このように分解できます．

A 次に両辺を 2 通りの方法で積分します．左辺は逆三角関数の積分，右辺は虚数を通常の数値とみなして機械的に積分を行います．そうすると

$$\arctan x = \frac{1}{2i}\bigl(\ln(1+ix) - \ln(1-ix)\bigr) = \frac{1}{2i}\ln\frac{1+ix}{1-ix} = \frac{1}{2i}\ln\frac{(1+ix)^2}{1+x^2}$$

$$= \frac{1}{i}\ln\left(\frac{1}{\sqrt{1+x^2}} + i\frac{x}{\sqrt{1+x^2}}\right)$$

となります．ここで $x = \tan\theta$ とおくと，

$$i\theta = \ln(\cos\theta + i\sin\theta)$$

という解を得ます．右辺は複素数の対数です．両辺の指数関数をとれば，

$$e^{i\theta} = \cos\theta + i\sin\theta$$

というオイラーの公式を得ます．

T うーん．何とも簡単にオイラーの公式が出てきましたね．対数の式に $\theta=\pi$ を代入すると，$i\pi = \ln(-1)$ となるから負の値の対数についてはこれで一件落着でしょうか．

A いえいえ，大間違いです．三角関数は周期関数ですから，

$$i(\pi + 2n\pi) = \ln(-1)$$

が正解です．n はすべての整数をとれますから，無限個の値をとります．

T なるほど．それが大論争のもとですか．対数は多価関数なんですね．

A オイラー自身はこの公式を何通りかの方法で導いていますが，黒川（2007）によると，以下のアイデアを基本にしています．ド・モアブルの定理より，

$$\cos x + i\sin x = \left(\cos\frac{x}{n} + i\sin\frac{x}{n}\right)^n$$

です．ここで $n \to \infty$ とすると，

$$\cos\frac{x}{n} = 1, \quad \sin\frac{x}{n} = \frac{x}{n}$$

となりますから，これらを代入して，

$$\cos x + i\sin x = \left(1 + i\frac{x}{n}\right)^n = e^{ix}$$

を得ます．オイラーはこれを無限次の多項式とみて，無限個の解があるとしました．

T 鮮やかというか，大胆というか．オイラーは無限大を自由自在に操っていますね．

A ド・モアブルの定理は，

$$f(x) = \cos x + i\sin x$$

とおくと，

$$\bigl(f(x)\bigr)^n = f(nx)$$

と表せます．これは積を和に変換しているので，

$$f(x)f(y) = f(x+y)$$

と一般化できます．

T これは指数法則ですね．

A ええ．ですから

$$f(x) = e^{ax}$$

と書けます．両辺を微分すると，

$$f'(x) = -\sin x + i\cos x = i(\cos x + i\sin x) = if(x) = ae^{ax}$$

となりますから，$a = i$ です．つまり

$$f(x) = e^{ix}$$

です．

T ということは，ド・モアブルはオイラーの公式の1歩手前まで達していたわけですね．

A その通りだと思います．ド・モアブルはニュートンにその才能を賞賛されたほどの数学者ですが，不運な一生を送りました．安藤（1992）に詳しく紹介されています．

T この本によると……，ド・モアブルはポアソンより125年も前にポアソン分布を発見していますね．明確な形で出せなかったのは，当時，自然対数の底である e の記号がまだ使用されていなかったためとのことです．

A そうかもしれません．小堀（1971）によると，1730年に提示されたド・モアブルの定理は，「半径1の円の弧 A, B の余弦が，それぞれ l, x であり，$A = nB$ という関係があると，

$$x = \frac{1}{2}\sqrt[n]{l + \sqrt{l^2 - 1}} + \frac{1}{2}\frac{1}{\sqrt[n]{l + \sqrt{l^2 - 1}}}$$

がなりたつ」と表現されているそうです．

T　なるほど．この式からオイラーの公式に到達するのは難しいですね．この式は $l = \cos A = \cos nB$，$x = \cos B$ より，

$$\sqrt[n]{l + \sqrt{l^2 - 1}} = \sqrt[n]{\cos A + \sqrt{\cos^2 A - 1}} = \sqrt[n]{\cos A + i \sin A} = \cos B + i \sin B$$

だから，

$$2\cos B = \cos B + i \sin B + \frac{1}{\cos B + i \sin B} = \cos B + i \sin B + \cos B - i \sin B$$

となって，確かに成立しています．

A　ちょっと平方根のはずし方が気になります．

$$\sqrt{-a} = \sqrt{-1 \times a} = \sqrt{-1}\sqrt{a} = i\sqrt{a}$$

としていますが，これが成立するなら

$$\sqrt{-a} = \sqrt{\frac{a}{-1}} = \frac{\sqrt{a}}{\sqrt{-1}} = \frac{\sqrt{a}}{i} = -i\sqrt{a}$$

ともできます．したがって複素数の平方根には注意が必要です．最初の式は

$$2x = y + \frac{1}{y}$$

と書けるので，2次方程式の解

$$y = x \pm \sqrt{x^2 - 1}$$

が求まります．これを複素平面（ガウス平面）上できちんと考えると，通常のド・モアブルの定理の表現が導けるはずです．ド・モアブルの定理は記号 e を用いれば，

$$(e^{ix})^n = e^{inx}$$

という指数法則を表しているだけですが，その意味するところは非常に重要です．

T　うーん．はからずも記号 e の重要性を再確認してしまいました．

A　歴史的には逆になりますが，

$$e^{ix} e^{iy} = e^{i(x+y)}$$

から三角関数の加法定理

$$\cos(x+y) = \cos x \cos y - \sin x \sin y$$
$$\sin(x+y) = \sin x \cos y + \cos x \sin y$$

がすぐに出てきます．

T 大学受験のとき必死に暗記したのが馬鹿みたいですね．

A それで i の i 乗の値はどうなりますか．

T えーと．

$$i = 0 + i \times 1 = \cos\frac{\pi}{2} + i\sin\frac{\pi}{2}$$

となるから，そうか，$2n\pi$ が必要でしたね．

$$i = \cos\left(\frac{\pi}{2} + 2n\pi\right) + i\sin\left(\frac{\pi}{2} + 2n\pi\right)$$

だから，

$$i^i = (e^{i(\pi/2 + 2n\pi)})^i = e^{-(\pi/2 + 2n\pi)}$$

を得ます．何と実数です．

A そうです．オイラー自身も驚いたようです．オイラーは $n=0$ のとき，

$$e^{-\pi/2} = 0.2078795763507\cdots$$

という値を出しています．ところで，そもそも虚数 i とは何です？

T 2乗すると -1 になる数です．

A 正解です．話は変わりますが，数直線において -1 を掛けることは向きが180度変わることを意味します．

T そうですね．

A したがって負の値に負の値を掛けると，正の値になるわけです．

T なるほど．小学生にこのことを説明するのに苦労しますが，数直線を使えばいいんですね．

A 次に横軸に実数，縦軸に虚数をとった複素平面を考えます．

T 数直線を2次元に拡大するわけですね．

A この平面上で虚数 i を掛けることは何を意味すると思いますか．

T 2乗すると -1 になるのだから，90度向きを変えるのでしょうか．

A その通りです．反時計回りに90度回転させることを意味します．そこで，まず位置ベクトル

$$z(t) = e^{it}$$

を考えます．これを微分すると，

$$v(t) = \frac{dz}{dt} = ie^{it} = iz(t)$$

となりますから，この速度ベクトルと位置ベクトルは常に直交しています．したがって円運動です．$z(0)=1$ なので，単位円になります．しかも

$$|v(t)| = |i||z(t)| = 1$$

だから，速度は常に 1 ラジアンです．よって

$$e^{it} = \cos t + i \sin t$$

となります．

T ははあ．複素平面上で幾何学的に考察してもオイラーの公式が簡単に導けるのですね．

A 一般の複素数の場合には，

$$e^{x+iy} = e^x (\cos y + i \sin y)$$

となるから，極座標

$$(r, \theta) = (e^x, y)$$

と対応するわけです．

T 実数を正確にイメージするためには数直線が不可欠なように，複素数を正確にイメージするためには複素平面が不可欠なんですね．

A 複素平面を最初に提示したのはノルウェー人の Wessel という人で，1797 年だそうです．その後，複素平面上の積分などが考案されて大発展するわけです．これについては Nahin（2006）が訳もすばらしくてお薦めですが，やや上級者向きです．

T 上級者といいますと？

A オイラーの公式を知っていれば十分です．複素積分ではコーシーの名前がたくさん出てきますが，じつはガウスがコーシーより遙か以前に知っていたことは有名な話です．

T それで複素平面をガウス平面とも呼ぶのですね．

10・2　オイラー積

A ところで調和級数

$$\zeta(1) = 1 + \frac{1}{2} + \frac{1}{3} + \frac{1}{4} + \frac{1}{5} + \frac{1}{6} + \frac{1}{7} + \cdots$$

の値はご存じですか．

T これは高校 1 年のときに習ったので憶えています．

$$\begin{aligned}
\zeta(1) &= 1 + \frac{1}{2} + \left(\frac{1}{3} + \frac{1}{4}\right) + \left(\frac{1}{5} + \cdots + \frac{1}{8}\right) + \left(\frac{1}{9} + \cdots + \frac{1}{16}\right) + \cdots \\
&> 1 + \frac{1}{2} + \left(\frac{1}{4} + \frac{1}{4}\right) + \left(\frac{1}{8} + \cdots + \frac{1}{8}\right) + \left(\frac{1}{16} + \cdots + \frac{1}{16}\right) + \cdots \\
&= 1 + \frac{1}{2} + \frac{2}{4} + \frac{4}{8} + \frac{8}{16} + \cdots = 1 + \frac{1}{2} + \frac{1}{2} + \frac{1}{2} + \frac{1}{2} + \cdots = \infty
\end{aligned}$$

となって無限大に発散します．

A よく憶えていました．この方法は 1350 年頃にフランス人のオレームが証明したやり方だそうです．

T　14世紀ですか．ギリシャ人は知らなかったのですね．
A　積分を習った後なら，グラフから

$$1+\frac{1}{2}+\frac{1}{3}+\cdots+\frac{1}{n}>\int_1^{n+1}\frac{1}{x}dx>\ln n$$

を用いて示す方法もあります．
T　なるほど．これも明解ですね．
A　それで，この差の $n\to\infty$ とした極限

$$\gamma=\lim\left(1+\frac{1}{2}+\frac{1}{3}+\cdots+\frac{1}{n}-\ln n\right)=0.577215664901532\cdots$$

をオイラー定数と呼びます．
T　そういえば最近，生態学の分野でオイラー定数が載っている論文を見ました．
A　自然界にはフィボナッチ数列の例などが実在しますから，オイラー定数が出てきても不思議はないですね．ところで素数（prime）はご存じですか．
T　もちろん．自然数で1とその数自身のほかに約数をもたない数です．小さい順に並べると 2, 3, 5, 7, 11, 13, 17, 19, ……となります．
A　素数は無限個存在するという証明はどうです？
T　じつは先日ある人から教えてもらいました．ユークリッドの原論にあるそうです．素数 p_1 が有限個つまり N 個しかないと仮定すると，

$$p_1\times p_2\times\cdots\times p_N+1$$

という数はどの素数でも割りきれないので矛盾するという証明です．
A　その通りです．実に見事な証明で，背理法の見本のような証明です．もっとも背理法という名前は「理に背く」という意味で誤解されやすいため，帰謬（きびゅう）法と呼ぶ人もいます．
T　これもオイラーと関係するのでしょうか．
A　ええ．オイラーはまったく新しい証明法を生み出したのです．基本式は

$$(1-x)(1+x+x^2+\cdots+x^n)=1-x^{n+1}$$

です．これより，$|x|<1$ のとき

$$\frac{1}{1-x}=1+x+x^2+\cdots$$

となります．
T　そうですね．これは等比数列の和として習いました．
A　これを使ってオイラーは次の等式を提示しました．

$$\prod_p \frac{1}{1-\frac{1}{p}} = \frac{1}{1-\frac{1}{2}} \times \frac{1}{1-\frac{1}{3}} \times \frac{1}{1-\frac{1}{5}} \times \cdots$$

$$= \left(1 + \frac{1}{2} + \frac{1}{2^2} + \cdots\right)\left(1 + \frac{1}{3} + \frac{1}{3^2} + \cdots\right)\left(1 + \frac{1}{5} + \frac{1}{5^2} + \cdots\right)\cdots$$

$$= 1 + \frac{1}{2} + \frac{1}{3} + \frac{1}{4} + \frac{1}{5} + \frac{1}{6} + \frac{1}{7} + \cdots = \zeta(1)$$

ここでの積はすべての素数についてです.

T　えーと，この等式は正しいのですか？　最初の2項についてやってみますと,

$$\left(1 + \frac{1}{2} + \frac{1}{2^2} + \cdots\right)\left(1 + \frac{1}{3} + \frac{1}{3^2} + \cdots\right)$$

$$= \left(1 + \frac{1}{2} + \frac{1}{2^2} + \cdots\right) + \left(1 + \frac{1}{2} + \frac{1}{2^2} + \cdots\right)\frac{1}{3} + \left(1 + \frac{1}{2} + \frac{1}{2^2} + \cdots\right)\frac{1}{3^2} + \cdots$$

となるから……，確かに分母にはすべての自然数が出てきますね.

A　最後の式は調和級数ですから無限大に発散します．したがってこの式は素数が無限個存在することの新しい証明になっています.

T　うーん．確かにそうなりますね．等比数列の和からこんな等式が導けるとは知りませんでした．先日言っていた和と積の有名な等式はこれだったんですね.

A　その通りです．さらにオイラーは

$$\sum_p \frac{1}{p} = \frac{1}{2} + \frac{1}{3} + \frac{1}{5} + \frac{1}{7} + \frac{1}{11} + \frac{1}{13} + \frac{1}{17} \cdots = \infty$$

を証明しました．ここでの総和はすべての素数についてです．これを

$$\zeta(2) = 1 + \frac{1}{2^2} + \frac{1}{3^2} + \frac{1}{4^2} + \cdots = \frac{\pi^2}{6} < \infty$$

と比較すると，素数は平方数よりも遙かに多く存在することが分かります.

T　なるほど．平方数も無限個存在するのだから，これはちょっと信じがたい結果ですね.

A　上の結果は厳密には

$$\sum_{p \le x} \frac{1}{p} \approx \ln(\ln x)$$

と書くことができて，これから素数定理

$$\pi(x) \approx \frac{x}{\ln x}$$

が予測できます．ここで $\pi(x)$ は x 以下の素数の個数です.

T　ははあ．二重の対数関数ですか．初めて見ました.

A　二重の指数関数はゴンペルツ式で見ていますね．以上の話はすべて「オイラー入門」と「オイラー探検」に載っています．じつは昔，ベイズ統計の事後確率の計算に関連してこの手の話を，赤嶺（1989a）に解説しかけたのですが，あまりに専門的なので中断した経緯があります．最近になってオイラーに関する解説書がたくさん出てきて，解説する必要がなくなった次第です．なお，一般の

$$\prod_p \frac{1}{1-\frac{1}{p^s}} = \zeta(s)$$

をオイラー積と呼びます．

T　なるほど．

A　素数を研究する分野を数論と呼びますが，これについては，小林（2003）が初心者向けでお薦めです．

T　そういえばガウスは「数学は科学の女王であり，数論は数学の女王である」と言ったそうですね．

A　ええ．これに対して「科学の王様は物理学だ」と言う人もいます．また，数論は数学のすべての分野から最新の成果を要求するくせに何も還元しない，と指摘する人もいます．

T　まさに女王様ですね．

10・3　多面体定理

T　オイラーといえば「ケーニヒスベルグの橋」の問題も有名ですね．ケーニヒスベルグに7つの橋があって，2度同じ橋を渡らずにすべての橋を渡ることができるか，という問題です．

A　実話ですが，要するに一筆書きの問題ですね．

T　これは簡単で，すべての通過点は出る辺の数が偶数となっていて，奇数となるのは始点と終点だけだから，一筆書き可能なのは奇数の辺が出る点が0個か2個の場合だけに限られます．小学生の頃に学校か塾で教わりました．最近読んだ短編で，京都を舞台にして高校生が同じ問題を実際に自転車に乗って解こうとする話がありました．結局，バイト仲間の京大数学科の女子学生に答を教えてもらうのですが，何だか主人公の高校生が間抜けに見えてしまいました．

A　うーん．答を知っていると簡単な話でも，最初に見つけるのは大変かもしれませんよ．しかし一筆書きの話は確かに簡単すぎますね．私自身はオイラーの多面体定理で目から鱗が落ちるような体験をしました．

T　多面体定理って何ですか？

A　正多面体のような立体では，

$$V - E + F = 2$$

が成立するという定理です．ここでVは頂点の数，Eは辺の数，Fは面の数です．

T　本当ですか？　試しに正多面体でやってみます．正4面体では4−6+4=2，正6面体では8−12+6=2，正8面体では6−12+8=2，正12面体では，うーん，5×12÷3=20 と 5×12÷2=30 だから

20−30+12=2，正20面体では 3×20÷5=12 と 3×20÷2=30 だから 12−30+20=2 となりますから，確かに成立しています．

A 　正6面体と正8面体，それと正12面体と正20面体では，それぞれの面の中心を頂点とすれば互いに入れ替わるから，数も入れ替わりますね．この結果自体はデカルトも知っていたらしく，本によってはオイラー・デカルトの定理と書いています．オイラーの記念碑にはこの数式の形に花が植えられた花壇がありますから，やはりオイラーを代表する数式のひとつでしょう．

T 　でもどうやって証明するのか見当がつきません．

A 　私もそうでした．高校1年の最初に学校で因数分解ばかりさせられて，これがまた複雑な因数分解ばかりで，暗記するだけの実に情けない授業でした．それで本屋に行って矢野健太郎先生の数学再入門とかいう類の新書版の本を3冊くらい買って読んでみました．その中にこの定理の証明が載っていて大変なショックを受けました．本当に数学は自由なんだなぁと実感しました．

T 　どういう証明だったのですか？

A 　正6面体を例に話します．最初に一番上の面を取り除きます．そうすると証明すべき式は

$$V - E + F = 1$$

となります．次に残りの面はすべてゴムでできていると考えて，上の4点を持って底面の位置まで押し広げます．そうすると真ん中に正方形があって，それを4つの台形がとり囲んでいる平面図形が得られます．

T 　なるほど．

A 　そこで各四辺形において勝手に1本だけ対角線をひきます．そうするとそれぞれ辺と面が1つずつ増えるので，証明すべき式は同じです．結果として多くの三角形に分割された図形が得られます．

T 　その通りですね．

A 　最後に外側から1つずつ三角形を取り除きます．1辺だけを取り除く場合は辺と面が1つずつ減ります．飛び出した三角形を取り除く場合は頂点1つと辺が2つと面が1つ減ります．どちらの場合も証明すべき式は変化しません．最終的に三角形が1つだけ残り，これは 3−3+1=1 ですから証明が終わりました．

T 　うーん．驚きました．実に鮮やかですね．

A 　というわけで，オイラーのおかげでまた数学が好きになりました．後年，一松先生が「高校生に因数分解を無理矢理教え込んでも，教育的にほとんど意味がない」みたいなことを書かれていて，溜飲を下げました．

T 　まったく同感です．

A 　ですから高校時代は数学の授業は聞き流して，数学や物理の通俗本ばかり読んでいました．

T 　それが石谷先生の本だったりしたのですね．

A 　それから最近，高木先生の本（高木1943）を読んだところ，多面体定理の別証が載ってました．

T 　これも見事な証明ですね．

A 　この多面体定理を使うと，正多面体は存在する5つと同じ点・線・面の数の組合わせしか存在しないことが数式で簡単に証明できます．

T これも美しい数式ですね.

A ところで多面体定理とは無関係ですが，最近，似たような問題を解きました．それは息子の高校で夏休みに出された難問で，全校で解けた生徒は1人だけでした.

T それはどんな問題なんですか？

A 正方形のタイルを縦に n 個，横に m 個の長方形に敷き詰めます．このとき長方形の対角線は何個のタイルを通るか，という問題です． $n=m=100$ のときはどうですか.

T これは簡単です．100個です.

A では $n=101$, $m=100$ ではどうです？

T うーん．各列ごとに2個通るから……，200個でしょうか．でも，一般の場合は皆目見当もつきません.

A 私も分かりませんでした．でもその子の解答を見てひらめきました．その子は直交座標を用いて場合分けして解いていましたが，答は
$$n+m-\text{G.C.M.}(n,m)$$
です.

T G.C.M. って何ですか？

A 最大公約数です．私も記号を忘れてました.

T 確かに先ほどの2つの例はそうなってますね.

A この数字を見てピンと来ました．最初に n と m が互いに素な場合を考えます．このとき対角線は格子点を通りません．そこで縦と横の端のタイルだけを通るルートを考えます．通るタイルの数は？

T $n+m-1$ です.

A 次に角にある格子点を1つ跨ぎます．このとき通るタイルの数は変化しません．こうして次々に格子点を跨いで行けば対角線にまで到達します．したがって答は
$$n+m-1$$
です．一般の場合は全体を k 倍すれば OK です.

T うーん．何だか騙されたみたいな証明ですね．問題はすべて直線なのに，証明は紐みたいな曲線で行っている点が味噌でしょうか.

A 数だけが問題なので，多面体定理の証明に通じるものがあると思います．実は中学生でもこの問題を解いた子がいて，それはまた全然異なる解法でした.

T 要するに柔らかい頭が必要ということでしょうか．僕など大学入試の数学では根性で丸暗記したため，相当に頭が固くなっているのかもしれません.

10・4 オイラーはどんな人？

A オイラーの業績はまだまだたくさんあります．変分法におけるオイラーの微分方程式，三角形のオイラー線，関数等式，楕円積分など，きりがないのでそろそろ終わりにします．今回は水産とは縁の薄い話ばかりでしたが，たまにはこんな柔らかい話もいいでしょう.

T それで，オイラーってどんな人だったんでしょうか？ 超天才って感じで，とても実在したと

は思えないほどです．

A 理論物理学者のファインマンがアインシュタインを「モンスター・マインド」と呼んでいましたが，オイラーもそのようなひとりです．3大数学者としてアルキメデス・ニュートン・ガウスを挙げる人がいますが，「いやいやオイラーこそ史上最大の数学者だ」と言う人もいます．

T そう呼ばれても不思議はないですね．

A 数学者としては史上最大級でしたが，それ以外はむしろ普通の人だったみたいです．

T そういえばガウスも，同時代のゲーテを理解できなくて，シェークスピアの悲劇を読んで涙を流していた，という話を聞いたことがあります．

A オイラーの時代は啓蒙君主の時代で，オイラーのように1分野に傑出した人物よりも，むしろダランベールのような全分野にバランスよく通じた超秀才が好まれた時代でした．フリードリッヒ大王はオイラーよりもダランベールをアカデミーの長として欲しがってました．

T そうでしょうね．お酒の席で難しい数学を講釈する人より，ウィットにとんだ会話や目配りのきく人の方が好まれますもんね．いつの時代も同じでしょう．

A それでヴォルテールにいじめられたり，根も葉もない悪評を流されたりもしたようです．

T それでも若死にしたアーベルやガロア，長寿だったけど不遇だったド・モアブルに較べれば幸福だったと思います．

A そうですね．ところで私の尊敬する柘植俊一先生が書かれた，反秀才論（柘植1990）という本に，秀才とは正統的にロゴス（論理）がパトス（情念）を上回る人であり，反秀才はこの順位が逆転した人，という定義が書いてあります．

T ははあ．そうするとオイラーも反秀才のひとりなんでしょうか．

A 桁違いですが，おそらくそうでしょう．この本は岩波現代文庫で再発行されていますから，是非読んでみてください．面白い話がたくさん載っています．それでは今日は一緒にお酒でも飲みながら反秀才論でも議論しましょうか．

11. 円周率と確率分布

T君 先日はオイラーについていろいろ教わりましたが，数学マジシャンというか，魔法使いみたいな人でしたね．

A先生 本当に数式を自由自在に使いこなしているような印象を受けます．現在の我々はオイラーほどの能力はありませんが，パソコンという強力な武器を手にしていますから，それによって理解を深めることができると思います．そろそろデータ解析の話題に戻ろうと思いますが，その前に円周率に関する計算を少しやってみましょう．

T 円周率に関しては日本の研究者の方がスーパーコンピューターを用いて何億桁も計算していると聞いたことがあります．

A そのような最先端の話ではなくて，もっと古典的な話ですが，円周率の計算は数値解析の基本なので押さえておきたいといった軽いノリです．最初にヴィエタの公式をやってみましょう．

11・1 ヴィエタの公式

T ヴィエタという人はまったく知りませんけど．

A 文字方程式を最初に提唱した人で「代数学の父」と呼ばれています．本によってはヴィエトとかヴィエートと記されています．

T そんな偉い人だったのですか．

A そのヴィエタが円周率について提示した公式が，

$$\frac{2}{\pi} = \sqrt{\frac{1}{2}} \sqrt{\frac{1}{2}+\frac{1}{2}\sqrt{\frac{1}{2}}} \sqrt{\frac{1}{2}+\frac{1}{2}\sqrt{\frac{1}{2}+\frac{1}{2}\sqrt{\frac{1}{2}}}} \cdots$$

です．これは数学で無限積が導入された最初だそうです．

T これはまた1/2と平方根だけの魔術的な式ですね．どうやって導いたのでしょうか．

A それは一松(1981)に載っています．弦を細かく分割していく古典的な方法です．なおオイラーが200年後にこの公式を，

$$\frac{\sin\theta}{\theta} = \cos\frac{\theta}{2}\cos\frac{\theta}{4}\cos\frac{\theta}{8}\cdots$$

と一般化しました．ここで$\theta = \pi/2$とすればヴィエタの公式が得られます．

T またまたオイラーですね．

A これは寺澤順先生の本（寺澤2006）に載っています．導出は意外と簡単です．この本は重要事項がコンパクトにまとめられていてお薦めですが，とりわけ印刷方法が出色です．

T　それではヴィエタの公式をエクセルで計算してみます．ヴィエタの公式は

$$\frac{2}{\pi} = u_1 u_2 u_3 \cdots$$

$$u_1 = \sqrt{\frac{1}{2}}, \quad u_n = \sqrt{\frac{1}{2}(1+u_{n-1})}$$

と表せます．表計算ソフトでやってみると，表11・1のようになります．反復10回で小数点以下5桁まで合っています．そんなに悪くないですね．

A　ええ．新数学事典（一松ら1979）によるとヴィエタは小数点以下10桁まで求めています．この事典によるとアルキメデスは紀元前3世紀に，

$$3\frac{10}{71} < \pi < 3\frac{1}{7}$$

を求めているそうです．

T　これは少数に直すと，

$$3.1408 < \pi < 3.1428$$

ですから，小数点以下3桁近くて，当時としてはものすごい高精度ですね．

A　円周率の精度でその時代の数学のレベルがある程度分かるそうですから，当時のギリシャ数学のレベルがいかに高かったか分かります．ちなみに400年後のプトレマイオス（トレミー）は3.14166という値を出していて，ほぼ小数点以下4桁まで合っています．

T　と言われても円周率の正確な値を知らないのですが．

A　実用的には3.14で十分です．これでも誤差は1/2000くらいですから．正確な値は，

$$3.1415926535897932384626433832795028841971$$

です．

T　凄い暗記力ですね．

A　じつは語呂合わせで憶えられます．産医師異国に向こう（314159265）産後やくなく（358979）産婦みやしろに（3238462）虫さんざん（6433）闇に鳴く（83279）ご礼には（5028）早よいくな（84197）です．

T　うーん．一応，安産だったんでしょうかね．

A　インドでは6世紀の初めにアリアバータが3.1416としています．中国では5

表11・1　ヴィエタの公式の計算

n	u	積	逆数	2倍	差
0	0	1	1	2	1.141593
1	0.707107	0.707107	1.414214	2.828427	0.313166
2	0.92388	0.653281	1.530734	3.061467	0.080125
3	0.980785	0.640729	1.560723	3.121445	0.020148
4	0.995185	0.637644	1.568274	3.136548	0.005044
5	0.998795	0.636876	1.570166	3.140331	0.001261
6	0.999699	0.636684	1.570639	3.141277	0.000315
7	0.999925	0.636636	1.570757	3.141514	7.89E-05
8	0.999981	0.636624	1.570786	3.141573	1.97E-05
9	0.999995	0.636621	1.570794	3.141588	4.93E-06
10	0.999999	0.63662	1.570796	3.141591	1.23E-06
11	1	0.63662	1.570796	3.141592	3.08E-07
12	1	0.63662	1.570796	3.141593	7.7E-08
13	1	0.63662	1.570796	3.141593	1.93E-08
14	1	0.63662	1.570796	3.141593	4.81E-09
15	1	0.63662	1.570796	3.141593	1.2E-09

世紀に祖沖之が 3.1415926 ＜ π ＜ 3.1415927 という値を出していて，密率として 355/113 ＝ 3.1415929 という憶えやすくて小数点以下 6 桁まで合っている分数を見つけています．

T 三国志くらいしか知りませんでしたけど，当時の中国は本当にレベルが高かったのですね．

A 西洋ではアルキメデスの伝統を受け継いで，ピサのレオナルド（フィボナッチ）が 13 世紀初めに 3.141818 を得たそうです．その後がヴィエタです．

11・2 ウォリスの公式

T ところでウォリスの公式は 1655 年とのことですが，収束の速さはどうなんでしょうか．

A じつは私もやったことがないので，やってみてください．

T ウォリスの公式は，

$$\frac{\pi}{2} = \frac{2\times 2}{1\times 3} \times \frac{4\times 4}{3\times 5} \times \frac{6\times 6}{5\times 7} \times \cdots = \prod_{n=1}^{\infty} \frac{4n^2}{4n^2-1}$$

と表されるので，やってみます（表 11・2）．うーん．これは遅くて使い物になりませんね．$n = 100$ でも 3.1338 です．

A でも差は小さくなっているから，π には収束しそうです．ウォリスの公式は円周率の計算には不向きですが，スターリングの公式や正規分布につながるので，理論的に重要ということでしょう．

T そういえば以前，ウォリスの公式の高精度化をやりましたよね．

A ああ，そうでした．あれは

$$\frac{((m-1)!)^4}{((2m-2)!)^2} \frac{2^{4m-3}}{\pi} \approx 2m - 1.5$$

という式でしたから，

$$\frac{((m-1)!)^4}{((2m-2)!)^2} \frac{2^{4m-3}}{2m-1.5} \approx \pi$$

という式でやってみてください．

T 朝飯前です．うーん．かなり改善されましたが，$m = 15$ でも 3.14 までしか求まりません．もう少しやってみると，オーバーフローしてしまいました（表 11・3）．対数に変換して計算すれば大丈夫だと思いますが，$m = 75$ で小数点以下 4 桁止まりですから，イマイチですね．

表 11・2 ウォリスの公式の計算

n	$4n^2$	$\dfrac{4n^2}{4n^2-1}$	積	差
0			2	1.141593
1	4	1.333333	2.666667	0.474926
2	16	1.066667	2.844444	0.297148
3	36	1.028571	2.925714	0.215878
4	64	1.015873	2.972154	0.169438
5	100	1.010101	3.002176	0.139417
6	144	1.006993	3.02317	0.118422
7	196	1.005128	3.038674	0.102919
8	256	1.003922	3.05059	0.091003
9	324	1.003096	3.060035	0.081558
10	400	1.002506	3.067704	0.073889
11	484	1.00207	3.074055	0.067537
12	576	1.001739	3.079401	0.062191
13	676	1.001481	3.083963	0.057629
14	784	1.001277	3.087902	0.053691
15	900	1.001112	3.091337	0.050256
98	38416	1.000026	3.133629	0.007963
99	39204	1.000026	3.133709	0.007884
100	40000	1.000025	3.133787	0.007805
101	40804	1.000025	3.133864	0.007728
102	41616	1.000024	3.13394	0.007653

表 11・3　補正したウォリスの公式の計算

m	累乗	階乗		$2m-1.5$	値	差
0						
1	2	1	1	0.5	4	0.858407
2	32	1	2	2.5	3.2	0.058407
3	512	2	24	4.5	3.160494	0.018901
4	8192	6	720	6.5	3.150769	0.009177
5	131072	24	40320	8.5	3.146987	0.005394
6	2097152	120	3628800	10.5	3.145137	0.003544
7	33554432	720	4.79E+08	12.5	3.144097	0.002504
8	5.37E+08	5040	8.72E+10	14.5	3.143455	0.001863
9	8.59E+09	40320	2.09E+13	16.5	3.143032	0.001439
10	1.37E+11	362880	6.4E+15	18.5	3.142738	0.001146
11	2.2E+12	3628800	2.43E+18	20.5	3.142526	0.000933
12	3.52E+13	39916800	1.12E+21	22.5	3.142367	0.000775
13	5.63E+14	4.79E+08	6.2E+23	24.5	3.142246	0.000654
14	9.01E+15	6.23E+09	4.03E+26	26.5	3.142151	0.000559
15	1.44E+17	8.72E+10	3.05E+29	28.5	3.142076	0.000483
73	9.95E+86	6.1E+103	5.6E+249	144.5	3.141611	1.88E-05
74	1.59E+88	4.5E+105	1.2E+254	146.5	3.141611	1.83E-05
75	2.55E+89	3.3E+107	2.6E+258	148.5	3.14161	1.78E-05
76	4.07E+90	2.5E+109	5.7E+262	150.5	#NUM!	#NUM!
77	6.52E+91	1.9E+111	1.3E+267	152.5	#NUM!	#NUM!

表 11・4　arctan 関数を用いた公式の計算

n	累乗	階乗		項	和	差
0			1	2	2	1.141593
1	2	1	6	0.666667	2.666667	0.474926
2	4	2	120	0.266667	2.933333	0.208259
3	8	6	5040	0.114286	3.047619	0.093974
4	16	24	362880	0.050794	3.098413	0.04318
5	32	120	39916800	0.023088	3.121501	0.020092
6	64	720	6.23E+09	0.010656	3.132157	0.009436
7	128	5040	1.31E+12	0.004973	3.13713	0.004463
8	256	40320	3.56E+14	0.00234	3.13947	0.002123
9	512	362880	1.22E+17	0.001108	3.140578	0.001014
10	1024	3628800	5.11E+19	0.000528	3.141106	0.000487
11	2048	39916800	2.59E+22	0.000252	3.141358	0.000234
12	4096	4.79E+08	1.55E+25	0.000121	3.14148	0.000113
13	8192	6.23E+09	1.09E+28	5.83E-05	3.141538	5.47E-05
14	16384	8.72E+10	8.84E+30	2.82E-05	3.141566	2.65E-05
15	32768	1.31E+12	8.22E+33	1.36E-05	3.14158	1.29E-05
16	65536	2.09E+13	8.68E+36	6.61E-06	3.141586	6.26E-06
17	131072	3.56E+14	1.03E+40	3.21E-06	3.14159	3.05E-06
18	262144	6.4E+15	1.38E+43	1.56E-06	3.141591	1.49E-06
19	524288	1.22E+17	2.04E+46	7.61E-07	3.141592	7.26E-07
20	1048576	2.43E+18	3.35E+49	3.71E-07	3.141592	3.55E-07

A 通常の推定や検定では十分な精度に思えますが，円周率の場合は歴史が長いので，これでも相当に精度が悪く見えてしまいます．

11・3 アーク・タンジェント関数

T 円周率の計算ではマチンの公式が有名ですね．

A ええ．arctan関数を用いた公式で，オイラーもいろいろ作っています．寺澤先生の本にオイラーが提示した

$$\pi = 2\sum_{n=0}^{\infty} \frac{2^n (n!)^2}{(2n+1)!}$$

という公式があります．マチンの公式の替わりにこれをやってみましょう．

T この公式はウォリス積分と関係があるんですね．やってみます（表11・4）．さすがに速いですね．第20項までで小数点以下6桁まで合っています．

A 寺澤先生の本によると第100項までで30桁まで求まるようです．

T 5倍すると確かにそうなります．でもヴィエタの公式の方が速かったですね．

A でもあれは積なので手計算では大変でしょう．それに平方根の計算は難しくて，通常はニュートン法を用いるのですが，昔，某社のBASICでは対数変換した後で0.5を掛け，その後で指数変換していたため誤差が大きくて問題となっていました．対数変換の精度が悪かったためです．

T なるほど．最近は便利すぎて，手計算の頃とは感覚が異なるのですね．

A 寺澤先生の本によるとオイラーはマチンの公式を改良して，1時間の手計算で円周率を20桁まで求めたそうです．

T オイラーにとってはまさに朝飯前だったんでしょうか．

A 最近はガウスの算術幾何平均の公式を用いて何億桁も求めているようです．

11・4 カイ2乗分布の導出

T 長いこと気になっていたんですが，統計学で用いるカイ2乗分布とか，F分布とか，どうしてあんな複雑な数式が出てくるんでしょうか．

A そうですね．いずれも正規分布から導かれる分布ですが，みるからに難しそうな数式です．しかし係数にガンマ関数やベータ関数が出てきていますから，その類のはずで，数学的にはオイラーが18世紀に導いた関数にすぎません．

T でも発見者はオイラーじゃないですよね．

A 私は専門家ではないので乱暴なまとめ方ですけど，古典的な確率論はド・モアブルを経てラプラスが19世紀初めに完成しました．近代統計学は20世紀初めにフィッシャーやネイマンが作りました．そんなこんなでカイ2乗分布は歴史上何度も再発見されているそうです．

T カイ2乗分布は前にやりましたけど，ガンマ関数そのものという感じでした．下手をするとオイラーまで逆戻ってしまうような気がします．

A 平均値の差の検定で用いるt分布は，ステューデントというペンネームを使っていたゴセット

が発見しました．この人はビール会社の技師なので実名を出せなかったそうです．おまけに数学は得意でなかったのに，直感で数式を導いてしまったという話です．反対にフィッシャーは数学が得意で，F 分布の F は彼の頭文字です．

T　そういえばポアソン分布とかコーシー分布とか個人名の付いた分布が多いですね．

A　それでは最初にカイ2乗分布から導いてみましょうか．いろいろ方法があるみたいですが，ここでは小針先生の教科書（小針 1973）を参考にします．

T　難しそうな本ですね．

A　じつは私が学生時代に農学部で受けた統計学の教科書はムード・グレイビル・ボウズという人たちの書いた英語のテキスト（Mood et al. 1974）で，数学的にしっかりした教科書でしたが，もっと難しかったように思います．単に英語が苦手だったせいかもしれませんけど．それでカイ2乗分布の定義は？

T　この本によると，正規母集団からランダムに大きさ n の標本 x_1, x_2, $\cdots$, x_n を選んだとき

$$y = \sum x_i^2$$

は自由度 n のカイ2乗分布に従う，とあります．

A　そうですね．標準正規分布の確率密度は

$$f(x) = \frac{1}{\sqrt{2\pi}} e^{-x^2/2}$$

で与えられますから，n 個の標本の同時確率は，

$$f(x_1)f(x_2)\cdots f(x_n) = \frac{1}{(2\pi)^{n/2}} \exp\left(-\frac{1}{2}\sum x_i^2\right) = \frac{1}{(2\pi)^{n/2}} e^{-y/2}$$

となります．実際の現場では y は回帰直線の残差平方和など，最小2乗法に関する目的関数になるため，検定や推定で非常によく使うことになります．まず $n=1$ のときはどうなりますか．

T　えーと，

$$y = x^2$$

という変数変換で，x の確率密度 $p(x)$ から y の確率密度 $q(y)$ を求めるんですよね．

$$p(x) = \frac{1}{\sqrt{2\pi}} e^{-x^2/2}$$

だから……？

A　x の確率は $p(x)\mathrm{d}x$ です．連続モデルでは確率は面積になりますが，確率密度が高さ，$\mathrm{d}x$ が幅になるからです．したがって一般に確率の変数変換は，

$$p(x)\mathrm{d}x = q(y)\mathrm{d}y$$

となります．しかしこれは x と y が1対1対応の場合で，$y=x^2$ の場合は1対2対応になっています．したがってこの場合は，

$$2p(x)\mathrm{d}x = q(y)\mathrm{d}y$$

となります．

T なるほど．y の1つの値に $+x$ と $-x$ の2つの値が対応しているから，x の方を2倍にする必要があるんですね．一方，$y = x^2$ より

$$\frac{\mathrm{d}y}{\mathrm{d}x} = 2x$$

だから，先の変換式を使うと，

$$q(y) = 2p(x)\frac{\mathrm{d}x}{\mathrm{d}y} = 2\frac{1}{\sqrt{2\pi}}e^{-x^2/2}\frac{1}{2x} = \frac{1}{\sqrt{2\pi}}e^{-y/2}y^{-1/2}$$

となります．やれやれです．

A よくできました．では次に一般の n の場合についてですが，ここで肝心なのは独立な変数 x と y の和 $u = x+y$ の確率密度です．

T これは単純に

$$\frac{1}{2}p(x) + \frac{1}{2}q(y)$$

で OK じゃないですか？

A そこが問題です．小針先生は面白いたとえ話を紹介しています．背の高いアメリカ人の集団と背の低い日本人の集団を混合したら2峰型の身長組成が得られます．混合正規分布の場合と同じで，そのような場合には上のようになります．しかし $u = x+y$ の確率分布というのは，文字通り x の値と y の値を加えた，アメリカ人の頭の上に日本人がつっ立ったトーテムポールの高さの分布を意味しています．

T 何だか難しそうですね．

A x と y は独立ですから，x-y 平面上で考えます．そうすると x と y の同時確率は，

$$f(x,y) = p(x)q(y)$$

で与えられます．このとき $u = x+y$ の分布 $\varphi(u)$ は，直線 $u = x+y$ 上における $f(x,y)$ の積分，つまり面積を意味しています．

T ははあ．先ほどのトーテムポールの例で考えると，$u = 300\mathrm{cm}$ の場合，アメリカ人 180cm + 日本人 120cm，アメリカ人 170cm + 日本人 130cm，…，アメリカ人 120cm + 日本人 180cm となる確率をすべて合計するわけですね．

A その通りです．したがって上手に積分すれば OK です．たとえば，

$$\begin{cases} u = x+y \\ v = y \end{cases}$$

と変数変換して確率分布 $\Psi(u,v)$ を求め，

$$\varphi(u) = \int_{-\infty}^{\infty} \psi(u,v)\mathrm{d}v$$

を計算すれば求まります．このへんは単なる計算テクニックです．$\phi(u)$ を周辺分布といいます．
T なるほど．普通は $v = x-y$ のような直交性を保った変換を考えますが，この場合は $\phi(u)$ を求めるのが目的だから v は単純なものでいいんですね．
A それで2重積分の変数変換ですが，
$$f(x,y)\mathrm{d}x\mathrm{d}y = \psi(u,v)\mathrm{d}u\mathrm{d}v$$
となります．両辺は体積を意味していて，f が高さ，$\mathrm{d}x\mathrm{d}y$ が面積で，右辺も同様です．これより
$$\psi(u,v) = f(x,y)\frac{\mathrm{d}x\mathrm{d}y}{\mathrm{d}u\mathrm{d}v}$$
となりますが，変数変換における面積比
$$J = \frac{\mathrm{d}x\mathrm{d}y}{\mathrm{d}u\mathrm{d}v} = \det\begin{pmatrix} A & B \\ C & D \end{pmatrix}$$
を計算する必要があります．

T これは何ですか？
A 行列式ですが，この場合はヤコビアンと呼びます．アーベルのライバルだったヤコビにちなんだ名前だと思います．線型近似
$$\mathrm{d}x = \frac{\partial x}{\partial u}\mathrm{d}u + \frac{\partial x}{\partial v}\mathrm{d}v = A\mathrm{d}u + B\mathrm{d}v$$
$$\mathrm{d}y = \frac{\partial y}{\partial u}\mathrm{d}u + \frac{\partial y}{\partial v}\mathrm{d}v = C\mathrm{d}u + D\mathrm{d}v$$
より，
$$\mathrm{d}x\mathrm{d}y = (A\mathrm{d}u + B\mathrm{d}v)(C\mathrm{d}u + D\mathrm{d}v)$$
$$= AC\mathrm{d}u\mathrm{d}u + AD\mathrm{d}u\mathrm{d}v + BC\mathrm{d}v\mathrm{d}u + BD\mathrm{d}v\mathrm{d}v$$
$$= (AD - BC)\mathrm{d}u\mathrm{d}v$$
となります．ここで，
$$\mathrm{d}u\mathrm{d}u = \mathrm{d}v\mathrm{d}v = 0$$
$$\mathrm{d}u\mathrm{d}v = -\mathrm{d}v\mathrm{d}u$$
を使いました．これが行列式の意味するところです．2次元では平行四辺形の面積，3次元では平行六面体の体積になります．

T 最後の2式で上の方は横×横，縦×縦だから面積が0になるのは分かりますが，下の方は横×縦と縦×横で符号が逆になるのが理解できません．
A それは横軸と縦軸を交換すると平面が裏返ってしまうため，面積がマイナスになるからです．このあたりを明確に表す外微分 $\mathrm{d}x \wedge \mathrm{d}y$ のような表記もありますが，ベクトルの外積の話なので省略しました．
T 要するに，変数変換による面積比は行列式という便利な道具によって簡単に表せるわけですね．

A 行列式は determinant の訳で，直訳すると決定式，つまり決定的に重要な式という意味だと思います．なお面積比が負になる場合もあるので，積分の変数変換ではヤコビアンの絶対値を使用します．

T なるほど．でも1変数の置換積分では絶対値をとりませんけど？

A 1変数の場合，比が負になると積分区間の向きも負になって打ち消しあってくれるから大丈夫だったんです．

T そうだったんですか．ではさっそく計算してみます．逆変換式

$$\begin{cases} x = u - v \\ y = v \end{cases}$$

より，

$$J = \det\begin{pmatrix} A & B \\ C & D \end{pmatrix} = \det\begin{pmatrix} 1 & -1 \\ 0 & 1 \end{pmatrix} = 1$$

となるので，ヤコビアンの絶対値は1です．したがって

$$\psi(u,v) = f(x,y) = f(u-v,v) = p(u-v)q(v)$$

となるから，

$$\varphi(u) = \int_{-\infty}^{\infty} \psi(u,v)\mathrm{d}v = \int_{-\infty}^{\infty} p(u-v)q(v)\mathrm{d}v$$

となります．

A これを合成積，または「たたみ込み」と呼びます．

T なかなか大変でした．

A じつはわざと難しい計算をやったのです．離散モデルで考えると簡単です．赤と白の2つのサイコロを同時に振ります．赤の目の確率を $p(x)$，白の目の確率を $q(y)$ としたとき，両方の目の合計 $u = x+y$ の確率を求める問題と同じです．$u = 5$ ではどうなりますか？

T これは簡単です．

$$\varphi(5) = p(1)q(4) + p(2)q(3) + p(3)q(2) + p(4)q(1)$$
$$= \sum_{i=1}^{4} p(i)q(5-i) = \sum_{i=1}^{4} p(5-i)q(i)$$

となります．

A 連続モデルも同様で，直線 $u = x+y$ 上における $f(x,y)$ の積分つまり面積を求めればいいのだから，たとえばこの直線を

$$\begin{cases} x = t \\ y = u - t \end{cases} \quad \text{または} \quad \begin{cases} x = u - t \\ y = t \end{cases}$$

のようにパラメータ表示して，

$$\varphi(u) = \int_{-\infty}^{\infty} p(t)q(u-t)\mathrm{d}t = \int_{-\infty}^{\infty} p(u-t)q(t)\mathrm{d}t$$

と積分すれば OK です．

T こんな簡単な話だったんですか．何だか損した気分です．

A いえいえ．重積分を用いる方法の方が汎用性が高いので，決して損はしていませんよ．では $n=2$ のときのカイ 2 乗分布を求めてみてください．

T それでは，

$$\varphi(u) = \int p(t)q(u-t)\mathrm{d}t = \frac{1}{2\pi}\int \mathrm{e}^{-t/2}t^{-1/2}\mathrm{e}^{-(u-t)/2}(u-t)^{-1/2}\mathrm{d}t$$

$$= \frac{\mathrm{e}^{-u/2}}{2\pi}\int_0^u t^{-1/2}(u-t)^{-1/2}\mathrm{d}t$$

となります．最後の積分は以前やりました．$us = t$ とおくと，

$$\int_0^1 s^{-1/2}(1-s)^{-1/2}\mathrm{d}s = \mathrm{B}\left(\frac{1}{2}, \frac{1}{2}\right) = \pi$$

となるから，

$$\varphi(u) = \frac{\mathrm{e}^{-u/2}}{2}$$

です．これは指数関数なので，指数分布になります．

A 意外ですね．$n=3$ ではどうなりますか？

T 同様にやると，

$$\varphi(u) = \int p(t)q(u-t)\mathrm{d}t = \frac{1}{2\sqrt{2\pi}}\int \mathrm{e}^{-t/2}t^{-1/2}\mathrm{e}^{-(u-t)/2}\mathrm{d}t$$

$$= \frac{\mathrm{e}^{-u/2}}{2\sqrt{2\pi}}\int_0^u t^{-1/2}\mathrm{d}t = \frac{\mathrm{e}^{-u/2}}{2\sqrt{2\pi}}\left[2t^{1/2}\right]_0^u = \frac{1}{\sqrt{2\pi}}\mathrm{e}^{-u/2}u^{1/2}$$

です．

A なるほど．一般型が見えてきました．一般型の変数部分は，

$$g_n(x) = x^{n/2-1}\mathrm{e}^{-x/2}$$

となりそうです．$n=1$ と 2 の場合は単調減少ですが，$n>3$ の場合は単峰型になり，とくに $n=4$ のときはリッカー型再生産曲線

$$R = \alpha S \mathrm{e}^{-\beta S}$$

と同じ形になります．それでは積分して係数を求めてください．ちなみにガンマ関数は，

$$\Gamma(s) = \int_0^\infty t^{s-1}\mathrm{e}^{-t}\mathrm{d}t$$

です.

T 以前出てきたやつですね. $2t=x$ とおくと,

$$\int g_n(x)\mathrm{d}x = \int_0^\infty x^{n/2-1}\mathrm{e}^{-x/2}\mathrm{d}x = \int_0^\infty (2t)^{n/2-1}\mathrm{e}^{-t}2\mathrm{d}t = 2^{n/2}\Gamma\left(\frac{n}{2}\right)$$

となりますから, 自由度 n の密度関数は,

$$f_n(x) = \frac{1}{2^{n/2}\Gamma\left(\dfrac{n}{2}\right)}x^{n/2-1}\mathrm{e}^{-x/2}$$

です. 以前引用した式と一致しました. やれやれです.

A ご苦労さま. でもこれで随分とカイ2乗分布の理解が深まったと思います. F 分布や t 分布でも同様の方法で密度関数を求めることができます. じつは小針先生の本以外にも, 小寺先生の演習書 (小寺 1986) に演習問題として出ています. どちらも基本は最初に同時確率 $p(x)q(y)$ を求め,

$$\begin{cases} u = x/y \\ v = y \end{cases}$$

と変数変換した後, y について積分して $\phi(u)$ を求めれば OK です. 要するにコツコツ計算するだけです.

T でも, ちょっと疲れてきました.

A それでは最後に2重積分の応用として, 正規分布の積分を求めてみましょうか. 一番ポピュラーな方法です. 単純化してガウス積分

$$I = \int_{-\infty}^\infty \mathrm{e}^{-x^2}\mathrm{d}x$$

を求めることにします.

T 昔, 物理で習ったような気がします. 2重積分にするのであれば,

$$I^2 = \left(\int_{-\infty}^\infty \mathrm{e}^{-x^2}\mathrm{d}x\right)\left(\int_{-\infty}^\infty \mathrm{e}^{-y^2}\mathrm{d}y\right) = \iint \mathrm{e}^{-(x^2+y^2)}\mathrm{d}x\mathrm{d}y$$

とするのでしょうか. これは2次元正規分布ですね.

A ここで極座標

$$\begin{cases} x = r\cos\theta \\ y = r\sin\theta \end{cases}$$

に変換してください.

T ヤコビアンは

$$J = \det\begin{pmatrix} \cos\theta & -r\sin\theta \\ \sin\theta & r\cos\theta \end{pmatrix} = r$$

となるので,

$$I^2 = \iint e^{-r^2} r\,dr\,d\theta = \left(\int_0^{2\pi} d\theta\right)\left(\int_0^\infty re^{-r^2}\,dr\right) = 2\pi\left(-\frac{e^{-r^2}}{2}\right)_0^\infty = \pi$$

が求まります. ヤコビアンの r のおかげで積分できました.

A じつはガンマ関数とベータ関数の関係式も同様にして求まります. ただし積分領域についてのきちんとした議論が必要です. それではお茶にしましょうか.

T このまえ南米に出張したときに買ってきたコーヒー豆があるので, それを一緒に飲みましょう.

11・5 F 分布と t 分布の導出

T コーヒーを飲んだらだいぶ頭が回復してきました. この際だから F 分布と t 分布も片づけてしまおうと思います.

A 公式どおりに機械的な計算をするだけですが, やってみますか. F 分布の定義はどうなっていますか.

T X と Y が独立で, それぞれ自由度 m と n のカイ 2 乗分布に従うとき,

$$U = \frac{X/m}{Y/n}$$

は自由度 (m,n) の F 分布に従う, とあります.

A したがって

$$\begin{cases} u = \dfrac{n}{m}\dfrac{x}{y} \\ t = y \end{cases}$$

と変数変換すればいいから,

$$\begin{cases} x = \dfrac{m}{n}ut \\ y = t \end{cases}$$

となります. これよりヤコビアンは

$$J = \det\begin{pmatrix} \dfrac{m}{n}t & \dfrac{m}{n}u \\ 0 & 1 \end{pmatrix} = \dfrac{m}{n}t$$

となって，t が出てきました．したがって密度関数は定数を C とおくと，

$$\psi(u,t) = p(x)q(y)|J| = Cx^{m/2-1}e^{-x/2}y^{n/2-1}e^{-y/2}t$$

$$= C\left(\frac{m}{n}ut\right)^{m/2-1}e^{-mut/2n}t^{n/2-1}e^{-t/2}t = C'u^{m/2-1}t^{(m+n)/2-1}\exp\left\{-\frac{1}{2}\left(1+\frac{m}{n}u\right)t\right\}$$

となります．ここで t について積分すればいいから，ガンマ関数の公式

$$\int_0^\infty t^{s-1}e^{-at}dt = \frac{\Gamma(s)}{a^s}$$

を用いて，t についての積分

$$\frac{\Gamma\left(\frac{m+n}{2}\right)}{\left\{\frac{1}{2}\left(1+\frac{m}{n}u\right)\right\}^{(m+n)/2}}$$

を得ます．

T ガンマ関数の公式は単なる置換積分ですね．

A 以上をまとめると，F 分布の密度関数

$$\varphi(u) = \frac{\left(\frac{m}{n}\right)^{m/2}}{B\left(\frac{m}{2},\frac{n}{2}\right)}\frac{u^{m/2-1}}{\left(1+\frac{m}{n}u\right)^{(m+n)/2}}$$

を得ます．ここでガンマ関数とベータ関数の関係式を用いました．

T 案外，簡単でしたね．

A では検算の意味で，u について積分してみてください．

T えーと，最初に置換して，

$$\int_0^\infty \frac{u^{m/2-1}}{\left(1+\frac{m}{n}u\right)^{(m+n)/2}}du = \left(\frac{n}{m}\right)^{m/2}\int_0^\infty \frac{y^{m/2-1}}{(1+y)^{(m+n)/2}}dy$$

となります．うーん……？

A $y = \tan^2\theta$ とおくと，

$$\int_0^{\pi/2} \frac{\left(\dfrac{\sin^2\theta}{\cos^2\theta}\right)^{m/2-1}}{\left(\dfrac{1}{\cos^2\theta}\right)^{(m+n)/2}} 2\frac{\sin\theta}{\cos^3\theta}\,d\theta = 2\int_0^{\pi/2}\sin^{m-1}\theta\cos^{n-1}\theta\,d\theta = B\left(\frac{m}{2},\frac{n}{2}\right)$$

を得ます．ここで，

$$B(p,q) = \int_0^1 x^{p-1}(1-x)^{q-1}\,dx = \int_0^{\pi/2}\sin^{2p-2}\theta\cos^{2q-2}\theta\,2\sin\theta\cos\theta\,d\theta$$

$$= 2\int_0^{\pi/2}\sin^{2p-1}\theta\cos^{2q-1}\theta\,d\theta$$

を使いました．

T　$x = \sin^2\theta$ と置いたのですね．

A　これで検算は終了です．次に t 分布をやってみてください．

T　定義は X と Y が独立で，X が標準正規分布に，Y が自由度 n のカイ2乗分布に従うとき，

$$U = \frac{X}{\sqrt{Y/n}}$$

は自由度 n の t 分布に従う，とあります．ですから変数変換は

$$\begin{cases} u = \dfrac{x}{\sqrt{y/n}} \\ t = y \end{cases}$$

となります．したがって

$$\begin{cases} x = u\sqrt{\dfrac{t}{n}} \\ y = t \end{cases}$$

となるので，ヤコビアンは

$$J = \det\begin{pmatrix} \sqrt{\dfrac{t}{n}} & \dfrac{u}{2\sqrt{nt}} \\ 0 & 1 \end{pmatrix} = \sqrt{\dfrac{t}{n}}$$

となって，$\sqrt{t}$ が出てきました．したがって密度関数は定数を C とおくと，

$$\psi(u,t) = p(x)q(y)|J| = Ce^{-x^2/2}y^{n/2-1}e^{-y/2}\sqrt{t}$$

$$= Ce^{-u^2t/2n}t^{n/2-1}e^{-t/2}\sqrt{t} = Ct^{(n+1)/2-1}\exp\left\{-\frac{1}{2}\left(1+\frac{u^2}{n}\right)t\right\}$$

となります．ここで t について積分すればいいから，ガンマ関数の公式を用いて t についての積分

$$\frac{\Gamma\left(\frac{n+1}{2}\right)}{\left\{\frac{1}{2}\left(1+\frac{u^2}{n}\right)\right\}^{(n+1)/2}}$$

を得ます．ガンマ関数とベータ関数の関係式を使って以上をまとめると，t 分布の密度関数

$$\varphi(u) = \frac{1}{\sqrt{n}B\left(\frac{1}{2},\frac{n}{2}\right)}\left(1+\frac{u^2}{n}\right)^{-(n+1)/2}$$

を得ます．やれやれです．

A　ご苦労さま．それでは検算の意味で，u について積分してみてください．

T　最後なので頑張ってやってみます．最初に置換積分して，

$$\int_{-\infty}^{\infty}\left(1+\frac{u^2}{n}\right)^{-(n+1)/2}du = 2\sqrt{n}\int_0^{\infty}(1+s^2)^{-(n+1)/2}ds$$

とします．ここで，うーん，$s = \tan\theta$ とおくと，

$$= 2\sqrt{n}\int_0^{\pi/2}(1+\tan^2\theta)^{-(n+1)/2}\frac{1}{\cos^2\theta}d\theta = 2\sqrt{n}\int_0^{\pi/2}\cos^{n-1}\theta\,d\theta = \sqrt{n}B\left(\frac{1}{2},\frac{n}{2}\right)$$

となります．これはウォリス積分だったんですね．

A　よくできました．ところで密度関数を比較すれば分かるように，t 分布の t^2 は $F(1,n)$ に従います．t 分布の密度関数を $p(t)$，$F(1,n)$ の密度関数を $q(u)$ とおくと，$t^2 = u$ だからカイ2乗分布のときと同様にして，

$$p(t) = q(u)t$$

となるので，密度関数が完全に一致します．

T　なるほど．確かに分布の定義より明らかですね．そうすると t 表は不要なんでしょうか．

A　いえ，t 表の方が精度が高いので利用価値も高い，と考えるべきでしょう．なお t 分布は $n \to$

∞のとき標準正規分布になります．

T それは聞いたことがあります．n がどれくらい大きければいいのでしょうか．

A 小寺先生の本には $n>60$ と書いています．

T t 分布の定義によると，$Y/n \to 1$ となるわけですね．

A それは中心極限定理になるので一般的な証明は難しそうです．むしろ密度関数から示す方が簡単でしょう．指数関数の定義より $n \to \infty$ のとき，

$$\left(1+\frac{u^2}{n}\right)^{(n+1)/2} = \left(1+\frac{u^2}{n}\right)^{n/2}\sqrt{1+\frac{u^2}{n}} \to e^{u^2/2} \times 1 = e^{u^2/2}$$

となります．

T 残りの部分は，

$$\sqrt{n}B\left(\frac{1}{2},\frac{n}{2}\right) = \sqrt{n}\,\frac{\Gamma\left(\frac{1}{2}\right)\Gamma\left(\frac{n}{2}\right)}{\Gamma\left(\frac{n+1}{2}\right)} = \sqrt{\pi}\sqrt{n}\,\frac{\Gamma\left(\frac{n}{2}\right)}{\Gamma\left(\frac{n+1}{2}\right)}$$

となりますが，最後の式は見覚えが……

A 標準偏差の不偏推定のときに出てきた式ですね．

$$2\left(\frac{\Gamma\left(\frac{n}{2}\right)}{\Gamma\left(\frac{n-1}{2}\right)}\right)^2 \approx n-1.5$$

これを $n \to n+1$ として変形すると，

$$\sqrt{n-0.5}\,\frac{\Gamma\left(\frac{n}{2}\right)}{\Gamma\left(\frac{n+1}{2}\right)} \approx \sqrt{n}\,\frac{\Gamma\left(\frac{n}{2}\right)}{\Gamma\left(\frac{n+1}{2}\right)} \to \sqrt{2}$$

となるので証明終了です．

T 結局，ここにもウォリスの公式が関係していたんですね．

A フィッシャー以前のカール・ピアソンの頃は大標本主義で，とにかく標本を多くとって正規分布に持ち込んでいました．ところがゴセットの扱ったデータは少数だったので正規分布を適用できず，それが t 分布の発見につながったわけです．

T 必要は発明の母ですね．でもゴセットは本当に数学が苦手だったんですか？

A おそらくフィッシャーやピアソンと比較しての話で，数学的センスや知識はかなりあったと思います．ところで蛇足ですが自由度 1 の t 分布は標準コーシー分布

$$f(x) = \frac{1}{\pi}\frac{1}{1+x^2}$$

と一致します．コーシー分布には平均も分散も存在しません．

T　それは変な話ですね．t 分布は正規分布に似ていて左右対称だからモードもメディアンも0です．だから平均も0だと思っていたのですが……？　奇関数なのに

$$E(x) = \int_{-\infty}^{\infty} xf(x)\mathrm{d}x = 0$$

とはならないのですか？

A　あくまでも自由度1のときの話です．

$$E(x) = \int_{-a}^{b} \frac{1}{\pi}\frac{x}{1+x^2}\mathrm{d}x = \frac{1}{2\pi}\Big[\ln(1+x^2)\Big]_{-a}^{b} = \frac{1}{2\pi}\ln\frac{1+b^2}{1+a^2}$$

を考えます．ここで $b=ka$, $a\to\infty$ とすると，

$$E(x) \approx \frac{1}{2\pi}\ln k^2 = \frac{\ln k}{\pi}$$

となるから，値が確定しないのです．

T　ははあ．$k=1$ のときだけ0になるのですね．

A　コーシー分布には中心極限定理も成立しません．

T　中心極限定理は $n\to\infty$ のとき，平均値が正規分布に従う，という定理でしたね．平均値が存在しないのだから当然という気もします．でも自由度1の t 分布なんてほとんど使わないから，通常は気にしなくてよさそうです．

A　そうですね．中心極限定理が成立しないのは「裾が重い」分布と言われていますから，その代表としてコーシー分布を憶えておくといいのかもしれません．

T　そういえば，ガンマ関数とベータ関数の関係式をまだ証明していませんでした．

A　ああ，あれはガンマ関数を

$$\Gamma(s) = \int_0^{\infty} t^{s-1}\mathrm{e}^{-t}\mathrm{d}t = \int_0^{\infty} u^{2(s-1)}\mathrm{e}^{-u^2} 2u\mathrm{d}u = 2\int_0^{\infty} u^{2s-1}\mathrm{e}^{-u^2}\mathrm{d}u$$

と変数変換して $\Gamma(p)\Gamma(q)$ を求めれば簡単です．

T　やってみますと，

$$\Gamma(p)\Gamma(q) = 4\left(\int_0^{\infty} x^{2p-1}\mathrm{e}^{-x^2}\mathrm{d}x\right)\left(\int_0^{\infty} y^{2q-1}\mathrm{e}^{-y^2}\mathrm{d}y\right) = 4\iint x^{2p-1}y^{2q-1}\mathrm{e}^{-(x^2+y^2)}\mathrm{d}x\mathrm{d}y$$

となります．

A　ここで極座標に変換してみてください．

T　なるほど．

$$= 4\iint (r\cos\theta)^{2p-1}(r\sin\theta)^{2q-1}e^{-r^2}r\mathrm{d}r\mathrm{d}\theta$$

$$= 4\left(\int_0^{\pi/2}\cos^{2p-1}\theta\sin^{2q-1}\theta\,\mathrm{d}\theta\right)\left(\int_0^\infty r^{2(p+q)-1}e^{-r^2}\mathrm{d}r\right) = \mathrm{B}(p,q)\Gamma(p+q)$$

となって求まりました．先ほど，積分領域についてきちんと議論する必要があると言っていましたけど？

A　極座標に変換すると積分領域が正方形から円になってしまうので，きちんと挟み撃ちの原理で挟む必要があります．これはギリシャ数学以来の伝統です．後で教科書で確認しておいてください．

T　これでようやく一件落着ですね．それにしても F 分布と t 分布の導出は味気ない計算でした．

A　そうですね．少し工夫してみましょうか．最初に極座標

$$\begin{cases} x = r\sin\theta \\ y = r\cos\theta \end{cases}$$

に変換し，その後で

$$u = \frac{n}{m}\tan\theta$$

と変換すると，少し見通しがよくなると思います．最初の変換は

$$p(x)q(y)\mathrm{d}x\mathrm{d}y = \eta(r)\xi(\theta)\mathrm{d}r\mathrm{d}\theta$$

なので，これより

$$\eta(r)\xi(\theta) = p(x)q(y)\frac{\mathrm{d}x\mathrm{d}y}{\mathrm{d}r\mathrm{d}\theta} = p(x)q(y)r$$

となるから，両辺を r で積分すれば，

$$\xi(\theta) = \int_0^\infty p(r\sin\theta)q(r\cos\theta)r\mathrm{d}r$$

となって求まります．

T　なるほど．上式を計算すると，

$$\xi(\theta) = C\int_0^\infty (r\sin\theta)^{m/2-1}e^{-r\sin\theta/2}(r\cos\theta)^{n/2-1}e^{-r\cos\theta/2}r\mathrm{d}r$$

$$= C(\sin\theta)^{m/2-1}(\cos\theta)^{n/2-1}\int_0^\infty r^{(m+n)/2-1}e^{-r(\cos\theta+\sin\theta)/2}\mathrm{d}r$$

$$= C(\sin\theta)^{m/2-1}(\cos\theta)^{n/2-1}\frac{\Gamma\left(\dfrac{m+n}{2}\right)}{\left(\dfrac{\cos\theta+\sin\theta}{2}\right)^{(m+n)/2}}$$

$$= \frac{1}{\mathrm{B}\left(\dfrac{m}{2},\dfrac{n}{2}\right)}\frac{(\tan\theta)^{m/2-1}}{(1+\tan\theta)^{(m+n)/2}}\frac{1}{\cos^2\theta}$$

となります.次の変換は

$$\varphi(u)\mathrm{d}u = \xi(\theta)\mathrm{d}\theta$$

より

$$\varphi(u) = \xi(\theta)\frac{\mathrm{d}\theta}{\mathrm{d}u} = \xi(\theta)\frac{m}{n}\cos^2\theta$$

となるから,確かに F 分布の密度関数が求まります.

A この辺は好みの問題でしょうか.

11.6 ベクトルの内積と外積

T ところでベクトルの外積の話がちょっとありましたが,外積の定義がサッパリ理解できません.

A 数学の定義は必要最小限の定義なので,最初はなかなか理解できないのですが,使っているうちに自然と理解が深まってきます.内積はよく使うので理解しやすいですが,外積はあまり使わないから無理ないですね.とりあえず次の2つのベクトルの内積を求めてみてください.

$$\begin{pmatrix}a\\b\end{pmatrix} = \begin{pmatrix}r_1\cos\theta_1\\r_1\sin\theta_1\end{pmatrix},\quad \begin{pmatrix}c\\d\end{pmatrix} = \begin{pmatrix}r_2\cos\theta_2\\r_2\sin\theta_2\end{pmatrix}$$

T 定義通りに計算してみますと,

$$ac+bd = r_1r_2\cos\theta_1\cos\theta_2 + r_1r_2\sin\theta_1\sin\theta_2$$
$$= r_1r_2\cos(\theta_1-\theta_2)$$

となります.なるほど,これから2つのベクトルが直交しているときに内積が0になることが分かります.

A ええ.ですから内積は利用価値が高いわけです.ちなみに行列の積はベクトルの内積の拡張です.次に $ad-bc$ を計算してみてください.

T これは行列式ですね.では,さっそく.

$$ad-bc = r_1r_2\cos\theta_1\sin\theta_2 - r_1r_2\sin\theta_1\cos\theta_2$$
$$= r_1r_2\sin(\theta_2-\theta_1)$$

おや，この絶対値は2つのベクトルが作る平行四辺形の面積になります．そういえば大学受験の時，

$$S = \frac{1}{2}|ad - bc|$$

という三角形の面積の公式を裏技で使っていました．

A 内積はスカラーですが，外積はベクトルで，その大きさは2つのベクトルが作る平行四辺形の面積です．x軸，y軸，z軸の基本ベクトルをe_1, e_2, e_3とおいてみます．つまり

$$e_1 = \begin{pmatrix} 1 \\ 0 \\ 0 \end{pmatrix}, \quad e_2 = \begin{pmatrix} 0 \\ 1 \\ 0 \end{pmatrix}, \quad e_3 = \begin{pmatrix} 0 \\ 0 \\ 1 \end{pmatrix}$$

とします．

T ははあ．

A ここで外積を

$$e_3 = e_1 \times e_2$$

と定義してみます．右ネジをz軸の正の方向に立て，x軸からy軸へ回転させると，z軸の正の方向に進みます．このように外積ベクトルの方向を決めた系を右手系と呼びます．

T そこまではOKです．

A したがって

$$e_2 \times e_1 = -(e_1 \times e_2)$$

となります．

T y軸からx軸に回転させるので，ベクトルの向きが逆になるんですね．

A また

$$e_1 \times e_1 = e_2 \times e_2 = 0$$

となります．

T ネジを回転させなければ進まないから，大きさが0になってしまい，ベクトルも存在しないわけですか．なるほど．

A ここでベクトルuとvを

$$u = ae_1 + be_2$$
$$v = ce_1 + de_2$$

としたとき，外積$u \times v$はどうなりますか？

T とりあえず，やってみます．

$$\begin{aligned} u \times v &= (ae_1 + be_2) \times (ce_1 + de_2) \\ &= ac(e_1 \times e_1) + ad(e_1 \times e_2) + bc(e_2 \times e_1) + bd(e_2 \times e_2) \\ &= (ad - bc)(e_1 \times e_2) \\ &= (ad - bc)e_3 \end{aligned}$$

となるから，このベクトルの大きさは $ad - bc$ の絶対値です．なるほど，外積の定義が何となく納得できました．ネジは回転する角度によって進む距離が決まりますが，外積ベクトルは行列式の絶対値で大きさが決まるわけですね．

A　行列式は正負の値をとり，それが面の表裏に対応するようですが，私も線型代数は苦手なので，これより先は自分で勉強してください．

T　と言われても，何を読んだらいいのか分かりません．

A　そうですね．たとえば森毅先生の線形代数「生態と意味」（森1981）の面積や行列式に関する章を読まれるといいと思います．

T　この本は生態学にも関係しているのですか？

A　まさか．でも歴史的な事項も含めて，非常に幅広い視点から解説されている良書です．ついでに姉妹書である森（1970）は有名な教科書で，最近はちくま学芸文庫から出ています．

T　森先生の本は何冊か見かけたことがあります．一刀斎というあだ名みたいですね．

A　面白い先生ですが，非常に頭脳明晰な方だと思います．ではこの辺でお開きにしましょうか．

文　献

Aigner M, Ziegler GM（2000）：天書の証明（かに江幸博訳）．シュプリンガー・フェアラーク東京，313pp.

相川広秋（1941）：水産資源学．水産社，228pp.

相川広秋（1949）：水産資源学総論．産業図書，545pp.

相川広秋（1960）：資源生物学．金原出版，418pp.

相澤　康・滝口直之（1999）：MS-Excel を用いたサイズ度数分布から年齢組成を推定する方法の検討．水産海洋研究，**63**，205-214.

Akamine T（1986）：Expansion of growth curves using a periodic function and BASIC programs by Marquardt's method. 日本海区水産研究所報告，**36**，77-107.

Akamine T（1987）：Comparison of algorithms of several methods for estimating parameters of a mixture of normal distributions. 日本海区水産研究所報告，**37**，259-277.

Akamine T（1988a）：Evaluation of error caused by histogram on estimation of parameters for a mixture of normal distributions. 日本海区水産研究所報告，**38**，171-185.

Akamine T（1988b）：Estimation of parameters for Richards model. 日本海区水産研究所報告，**38**，187-200.

Akamine T（1989a）：An interval estimation for extraction using Bayesian statistics. 日本海区水産研究所報告，**39**，9-17.

Akamine T（1989b）：An interval estimation for Petersen method using Bayesian statistics. 日本海区水産研究所報告，**39**，19-35.

Akamine T（1990）：An interval estimation of Leslie's method in removal methods. 日本海区水産研究所報告，**40**，27-49.

Akamine T（1993）：A new standard formula for seasonal growth of fish in population dynamics. 日本水産学会誌，**59**，1827-1863.

Akamine T（2009）：Non-linear and graphical methods for fish stock analysis with statistical modeling. *Aqua-BioSci. ogr.*, **2**（3），1-45.

Akamine T, Matsumiya Y（1992）：Mathematical analysis of Age-Length key method for estimating age composition from length composition. 日本海区水産研究所報告，**42**，17-24.

Akamine T, Kishino H, Hiramatsu K（1992）：Non-biased interval estimation of Leslie's removal method. 日本海区水産研究所報告，**42**，25-39.

赤嶺達郎（1981）：二枚貝浮遊幼生の摘出と計数の簡便法．日本海区水産研究所報告，**32**，77-81.

赤嶺達郎（1982）：Polymodal な度数分布を正規分布へ分解する BASIC プログラム．日本海区水産研究所報告，**33**，163-166.

赤嶺達郎（1984）：Marquardt 法による Polymodal な度数分布を正規分布へ分解する BASIC プログラム．日本海区水産研究所報告，**34**，53-60.

赤嶺達郎（1985a）：Polymodal な度数分布を正規分布へ分解する BASIC プログラムの検討．日本海区水産研究所報告，**35**，129-159.

赤嶺達郎（1985b）：数値計算プログラムの作り方と使い方の問題点，非線型手法を中心として．日本海ブロック試験研究集録，**6**，77-85.

赤嶺達郎（1986）：リチャードの成長式．日本海区水産試験研究連絡ニュース，**338**，2-4.

赤嶺達郎（1987）：最小二乗法とAIC．日本海ブロック試験研究連絡ニュース，**339**，9-11．
赤嶺達郎（1988a）：抽出法による個体数推定の誤差（前編）．日本海区水産試験研究連絡ニュース，**344**，2-4．
赤嶺達郎（1988b）：抽出法による個体数推定の誤差（後編）．日本海区水産試験研究連絡ニュース，**345**，6-11．
赤嶺達郎（1988c）：1回放流・多回再捕による生残率の推定方法（レビュー）．日本海ブロック試験研究集録，**13**，17-38．
赤嶺達郎（1988d）：Petersen法の区間推定（前編）．日本海区水産試験研究連絡ニュース，**346**，6-10．
赤嶺達郎（1989a）：Petersen法の区間推定（後編）．日本海区水産試験研究連絡ニュース，**347**，9-13．
赤嶺達郎（1989b）：中心極限定理．日本海区水産試験研究連絡ニュース，**348**，8-12．
赤嶺達郎（1989c）：デルーリー再考．日本海区水産試験研究連絡ニュース，**350**，6-11．
赤嶺達郎（1990）：デルーリー再考Part2．日本海区水産試験研究連絡ニュース，**351**，8-13．
赤嶺達郎（1992）スルメイカ系統群試論．日本海区水産試験研究連絡ニュース，**360**，9-16．
赤嶺達郎（1993）：除去法における最尤法とモデル選択．水産資源解析と統計モデル（松宮義晴編），恒星社厚生閣，22-40．
赤嶺達郎（1994）：指数関数の定義式と水産資源学への応用．水産海洋研究，**58**，317-320．
赤嶺達郎（1995a）：水産資源学における成長式に関する数理的研究．中央水産研究所研究報告，**7**，189-263．
赤嶺達郎（1995b）：コホート解析（VPA）入門．水産海洋研究，**59**，424-437．
赤嶺達郎（1996）：離散型漁獲方程式と線型計画法．水産海洋研究，**60**，252-258．
赤嶺達郎（1997）：成長・生残モデルにおける最適制御理論．中央水産研究所研究報告，**10**，135-167．
赤嶺達郎（1999）：混合正規分布のパラメータ推定におけるHasselblad法の収束．中央水産研究所研究報告，**14**，49-58．
赤嶺達郎（2001a）：VPAにおける近似式と反復法の数学的検討．中央水産研究所研究報告，**16**，1-16．
赤嶺達郎（2001b）：ベイズ統計学は本当に有効か？　中央水研ニュース，**27**，13-15．
赤嶺達郎（2001c）：成長式．平成12年度資源評価体制確立推進事業報告書，資源解析手法教科書，日本水産資源保護協会，44-50．
赤嶺達郎（2002）：枠どり法とPetersen法の区間推定における伝統的統計学とベイズ統計学との比較．水研センター研究報告，**2**，25-34．
赤嶺達郎（2004）：加入量予測モデル．マアジの産卵と加入機構（原一郎・東海正編），恒星社厚生閣，104-115．
赤嶺達郎（2005）：混合正規分布とEMアルゴリズム．水産海洋研究，**69**，174-183．
赤嶺達郎（2007）：水産資源解析の基礎．恒星社厚生閣，115pp．
赤嶺達郎・平松一彦（2003）：日本水産学会70年史，資源管理の研究．日本水産学会誌，**69**，特別号，51-58．
赤嶺達郎・能勢幸雄・清水誠（1982）：年齢組成が不明な場合のサケの回帰率推定法．日本海区水産研究所報告，**33**，141-145．
安藤洋美（1989）：統計学けんか物語，カール・ピアソン一代記．海鳴社，142pp．
安藤洋美（1992）：確率論の生い立ち．現代数学社，238pp．
安藤洋美（1995）：最小二乗法の歴史．現代数学社，240pp．
粟屋　隆（1991）：データ解析（改訂版），アナログとディジタル．学会出版センター，270pp．
Clark CW（1976）：生物経済学（竹内啓・柳田英二訳）．啓明社，342pp．
Clark CW（1985）：生物資源管理論（田中昌一監訳）．恒星社厚生閣，300pp．

Clark JS (2007): Models for ecological data, an introduction. Princeton UP, 617pp.

Deriso RB (1980): Harvesting strategies and parameter estimation for an sge-structured model. *Can. J. Fish. Aquat. Sci.*, **37**, 268-282.

土井長之 (1962)：日本近海魚種の種間相互関係の解析の研究について．東海区水産研究所研究報告，**32**，49-121．

土井長之 (1973)：東シナ海・黄海産マダイの適正漁獲係数を見積もる簡便法．日本水産学会誌，**39**，1-5．

土井長之 (1975)：水産資源力学入門．日本水産資源保護協会，66pp．

土井長之 (1988)：コンピューター昔日譚．月島（東海区水産研究所開設40周年記念特集号），月島会，24-26．

Draper NR, Smith H (1966)：応用回帰分析（中村慶一訳）．森北出版，378pp．

Dunham W (1999)：オイラー入門（黒川信重ら訳）．シュプリンガー・ジャパン，254pp．

Eulero L (1748)：オイラーの無限解析（高瀬正仁訳）．海鳴社，354pp．

五利江重昭 (2002)：MS-Excelを用いた混合正規分布のパラメータ推定．水産増殖，**50**，243-249．

Gulland JA (1965): Estimation of mortality rates. Annex to Arctic Fisheries Workshop Group Report. Int. Counc. Explor. Sea CM 1965, Doc. 3. Mimeo. Copenhagen.

Hairer E, Wanner G (1996)：解析教程（上）（かに江幸博訳）．シュプリンガー・フェアラーク東京，323pp．

Harding JP (1949): The use of probability paper for the graphical analysis of polymodal frequency distributions. *J. Mar. Bol. Ass.*, **28**, 141-153.

Hasselblad V (1966): Estimation of parameters for a mixture of normal distributions. *Technometrics*, **8**, 431-444.

Hilborn R, Mangel M (1997): The ecological detective, confronting models with data. Princeton UP, 315pp.

平野敏行 (1988)：海洋研究奮戦記．月島（東海区水産研究所開設40周年記念特集号），月島会，20-24．

廣津千尋 (1992)：最尤法．自然科学の統計学（東京大学教養学部統計学教室編），東京大学出版会，111-143．

一松 信 (1979a)：Stirlingの公式の第1剰余項までの初等的証明．数学（日本数学会），**31**，262-263．

一松 信 (1979b)：留数解析．共立出版，148pp．

一松 信 (1981)：教室に電卓を！Ⅱ．海鳴社，190pp．

一松 信ら編 (1979)：新数学事典．大阪書籍，1089pp．

細見彬文 (1989)：ムラサキイガイの生態学．山海堂，137pp．

稲葉三男 (1977)：微積分の根底をさぐる．現代数学社，281pp．

伊理正夫 (1981)：数値計算．朝倉書店，173pp．

石谷 茂 (1998)：数学ひとり旅．現代数学社，330pp．

影山 昇 (1996)：人物による水産教育の歩み．成山堂，267pp．

笠原こう司 (1970)：新微分方程式対話，固有値を軸として．現代数学社，167pp．

笠原こう司 (1973)：対話・微分積分学，数学解析へのいざない．現代数学社，256pp．

粕谷英一 (1998)：生物学を学ぶ人のための統計のはなし，きみにも出せる有意差．文一総合出版，199pp．

Kimura DK, Chikuni S (1987): Mixture of empirical distributions: an interval application of the age-length key. *Biometrics*, **43**, 23-35.

岸野洋久 (1999)：生のデータを料理する．日本評論社，227pp．

北田修一 (2001)：栽培漁業と統計モデル分析．共立出版，335pp．

小針あき宏 (1973)：確率・統計入門．岩波書店，300pp．

小林昭七 (2003)：なっとくするオイラーとフェルマー．講談社，256pp．

小堀　憲（1971）：ドゥ・モアブル．100人の数学者，日本評論社，77．

小寺平治（1986）：明解演習数理統計．共立出版，121pp.

小山慶太（1991）：漱石が見た物理学．中公新書，205pp.

小山慶太（1998）：漱石とあたたかな科学．講談社学術文庫，238pp.

久保伊津男（1961）：水産資源各論．恒星社厚生閣，396pp.

久保伊津男（1966）：続水産資源各論．恒星社厚生閣，273pp.

久保伊津男・吉原友吉（1957）：水産資源学．共立出版，363pp.

久保伊津男・吉原友吉（1969）：水産資源学（改訂版）．共立出版，482pp.

久野英二（1986）：動物の個体群動態研究法Ⅰ，個体数推定法．共立出版，114pp.

黒川重信（2007）：オイラー探検．シュプリンガー・ジャパン，184pp.

真子ひろし・松宮義晴（1977）：銘柄組成による年齢組成推定法．西海区水産研究所研究報告，**50**，1-8．

Mangel M, Beder JH（1985）：Search and stock depletion: theory and applications. *Can. J. Fish. Aquat. Sci*., **42**, 150-163.

Manly BFJ（1997）：Randomization, bootstrap and Monte Carlo methods in biology, 2nd ed. Chapman & Hall, 399pp.

松田裕之（2000）：環境生態学序説．共立出版，211pp.

Mood AM, Graybill FN, Bose DC（1974）：introduction to the theory of statistics, 3rd ed. McGraw-Hill, 564pp.

Moran PAP（1951）：A mathematical theory of animal trapping. *Biometrika*, **38**, 307-311.

森　毅（1981）：線形代数，生態と意味．日本評論社，250pp.

森　毅（1970）：現代の古典解析．現代数学社，272pp.

森口繁一（1978）：計算数学夜話．日本評論社，206pp.

Murphy GI（1965）：A solution of the catch equation. *J. Fish. Res. Bd. Canada*, **22**, 191-202.

Nahin PJ（2006）：オイラー博士の素適な数式（小山信也訳）．日本評論社，372pp.

中坊徹次（2003）：系群あれこれ．水産資源管理談話会報，日本鯨類研究所，**31**，3-22．

中川　徹・小柳義夫（1982）：最小二乗法による実験データ解析，プログラムSALS．東京大学出版会，206pp.

能勢幸雄・赤嶺達郎・清水　誠（1980）：年齢組成不明の場合のサケの回帰率の推定（2）．昭和54年度「さく河性さけ・ますの大量培養技術の開発に関する総合研究」プログレス・レポート，移植効果の安定強化，日本海区水産研究所，81-87.

能勢幸雄・石井丈夫・清水　誠（1988）：水産資源学．東京大学出版会，217pp

能勢幸雄・伊藤嘉章・清水　誠（1979）：年齢組成不明の場合のサケの回帰率の推定．昭和53年度「さく河性さけ・ますの大量培養技術の開発に関する総合研究」プログレス・レポート，移植効果の安定強化，日本海区水産研究所，51-59.

奥野忠一ら編（1978）：応用統計ハンドブック．養賢堂，827pp.

Pauly D, David N（1981）：ELEFAN 1, a BASIC program for the objective extraction of growth parameters from length-frequency data. *Meeresforsch*., **28**, 205-211.

Pauly D, Gaschutz G（1979）：A simple method for fitting oscillating length growth data with a program for pocket calculators. I. C. E. S. CM 1979/G/24, Demersal Fish Committee, 26pp.

Pitcher TJ, MacDonald PDM（1973）：Two models for seasonal growth in fishes. *J. Appl. Ecol*., **10**, 599-606.

Pope JG（1972）：An investigation of the accuracy of virtual population analysis using cohort analysis. *Res. Bull. Int. Comm. Northw. Atl. Fish*., **9**, 65-74.

Quinn & Deriso (1999): Quantitative fish dynamics. Oxford, 542pp.

Richards FJ (1959) A flexible growth function for empirical use. *J. Exp. Bot.*, **10**, 290-300.

佐藤總夫 (1987)：自然の数理と社会の数理，微分方程式で解析するⅡ．日本評論社，271pp.

Schnute J (1981)：A versatile growth model with statistically stable parameters. *Can. J. Fish. Aquat. Sci.*, **38**, 1128-1140.

Schnute J (1983)：A new approach to estimating populations by the removal method. *Can. J. Fish. Aquat. Sci.*, **40**, 2153-2169.

Schnute J (1985)：A general theory for analysis of catch and effort data. *Can. J. Fish. Aquat. Sci.*, **42**, 414-429.

Seber GAF (1992)：A review of estimating animal abundance II. International Statistical Review, **60**, 129-166.

志賀浩二 (2009)：数学が歩いてきた道．PHP 研究所，198pp.

Somers IF (1988)：On a seasonally oscillating growth function. *Fishbite*, **6**, 8-11.

高木貞治 (1970)：近世数学史談（第三版）．岩波文庫（1995），256pp.

高木貞治 (1943)：数学小景．岩波現代文庫（2002），190pp.

竹内啓・藤野和建 (1981)：2項分布とポアソン分布．東京大学出版会，263pp.

田中昌一 (1956)：Polymodal な度数分布の一つの取扱方及びそのキダイ体長組成解析への応用．東海区水産研究所研究報告，**14**，1-13.

田中昌一 (1985)：水産資源学総論．恒星社厚生閣，381pp.

田中昌一 (1988)：数理統計部の40年（1965年頃まで）．月島（東海区水産研究所開設40周年記念特集号），月島会，26-30.

田内森三郎 (1949a)：水産物理学．朝倉書店，213pp.

田内森三郎 (1949b)：研究余談，水産と物理．霞ヶ関書房，150pp.

田内森三郎 (1951)：漁の物理．ジープ社，146pp.

田内森三郎 (1963)：演習漁業物理学．恒星社厚生閣，116pp.

寺澤 順 (2006)：π と微積分の23話．日本評論社，144pp.

Thieme HR (2006)：生物集団の数学（上）（齋藤保久監訳）．日本評論社，286pp.

柘植俊一 (1990)：反秀才論．読売新聞社，298pp.

梅田 亨 (1999)：円とゼータ．ゼータの世界，日本評論社，5-24.

八木誠政・小泉清明 (1929)：函数生物学．裳華房，364pp.

山中一郎 (1986)：月島時代 (2)．月島 (7)，月島会，22-29.

Zippin C (1963)：An evaluation of the removal method of estimating animal populations. *Biometrics*, **12**, 163-169.

索　引

〔ア行〕

赤池の情報量基準　30
悪条件　21
アロメトリー式　44, 55
EM アルゴリズム　35
陰関数モデル　54
ヴィエタの公式　150
ウォリス積分　127
ウォリスの公式　125
ヴォルテラ　7
F 分布　161
円周率　151
オイラー積　146
オイラー定数　144
オイラーの公式　133
重みつき最小2乗法　52

〔カ行〕

回帰直線　55
外積　168
カイ2乗分布　155
ガウス・ザイデル法　25
ガウス積分　120, 160
ガウスの消去法　22
確率区間　67
偏り　81
環境収容力　8
ガンマ関数　85, 118
期待値　117
逆行列　109
逆三角関数　122
共分散分析　54
行列式　157
漁獲方程式　98
漁獲率　98
極座標　167
区画法　73
組合せ数　85
KL 情報量　36
系群　17
合成積　158
コーシー分布　166

誤差関数　132
コホート解析　97
固有値　109
固有ベクトル　109
固有方程式　111
ゴンペルツの成長式　43

〔サ行〕

最急降下ベクトル　26
最急降下法　29
最高密度領域　66
最小2乗法　25
再生産式　103
最適制御理論　99
最尤法　30
シェーファーモデル　16
事後分布　73, 76
自然死亡率　98
自然増加量　11
事前分布　76
斜交座標　56
集中分布　74
周辺分布　157
縮小写像の原理　35
主成分分析　57
シュヌートの再生産式　48, 103
順列　110
除去法　80
自励系　8
信頼区間　67
信頼帯　67
数学的帰納法　71
スケーリング　28
スターリングの公式　124
ゼータ関数　135
積算水温　42
積率　95

〔タ行〕

対数微分　45
たたみ込み　158
超幾何分布　76

t 分布　163
デルーリー法　79
ド・モアブルの定理　140
等漁獲量曲線　15
度数分布表　73

〔ナ行〕

内積　168
内的増加率　8
永井法　135
2 項分布　66
ニュートン法　25

〔ハ行〕

掃き出し法　22
ハッセルブラッド法　32
バラノフ　14
半整数補正　68
ピーターセン法　75
標識再捕法　75
フィッシャー情報量　86
複素平面　142
部分和文公式　78
不偏推定量　76
不偏標準偏差　114
不偏分散　52, 116
ベイズ統計　69
ベータ関数　75, 121
ヘッセ行列　26
ベバートン・ホルト型　48
ベバートン・ホルトのモデル　14
ベルタランフィーの成長式　43
ベルヌイ数　134
ベルヌイ方程式　60, 101
変数分離型　8
変動係数　71
ポアソン分布　84

〔マ行〕

真子・松宮の方法　34
マッケンドリック方程式　99
マルカール法　27

〔ヤ行〕

ヤコビアン　157
ヤコビ法　29

尤度比検定　30, 87
余剰生産モデル　16

〔ラ行〕

ラグランジュの未定乗数法　33
ラッセルの式　11
ランダム分布　74
力学系　8
リチャーズの成長式　44, 100
リッカー型　48
良条件　21
レスリー行列　104
レフコビッチ行列　104
連続補正　68
ロジスティック曲線　43
ロトカ　7

〔ワ行〕

枠どり法　73
割引率　99

〔アルファベット〕

AIC　30
HDR　66, 89
Tuljapurkar の理論　105
VPA　97

著者紹介

赤嶺達郎（あかみね　たつろう）

1956年生，東京大学農学部水産学科卒　農学博士
現　職　独立行政法人水産総合研究センター　中央水産研究所資源評価部数理解析研究室長
　　　　東京海洋大学客員教授

著　書

水産資源解析の基礎（恒星社厚生閣）

共著書

水産動物の成長解析（恒星社厚生閣），資源評価のための数値解析（恒星社厚生閣），水産資源解析と統計モデル（恒星社厚生閣），マアジの産卵と加入機構（恒星社厚生閣），水産海洋ハンドブック（生物研究社），魚の科学事典（朝倉書店），水産大百科事典（朝倉書店）

水産総合研究センター叢書
水産資源のデータ解析入門

2010年6月25日　初版第1刷発行

定価はカバーに表示してあります

著　者　赤嶺達郎
発行者　片岡一成
発行所　恒星社厚生閣
　　　　〒160-0008　東京都新宿区三栄町8
　　　　電話 03(3359)7371(代)
　　　　FAX 03(3359)7375
　　　　http://www.kouseisha.com/
印刷・製本　(株)シナノ

ISBN978-4-7699-1226-2

Ⓒ　独立行政法人　水産総合研究センター

JCOPY　<(社)出版者著作権管理機構　委託出版物>

本書の無断複写は著作権上での例外を除き禁じられています．複写される場合は，その都度事前に，(社)出版社著作権管理機構（電話 03-3513-6969，FAX03-3513-6979，e-maili:info@jcopy.or.jp）の許諾を得て下さい．

―― 好評発売中 ――

水産資源解析の基礎
赤嶺達郎 著
B5判/並製/126頁/定価2,625円(本体2,500円)

水産動物の成長解析
赤嶺達郎・麦谷泰雄 編
A5判/上製/122頁/定価2,415円(本体2,300円)

レジームシフトと水産資源管理
青木一郎・仁平　章・谷津明彦・山川　卓 編
A5判/上製/141頁/定価2,730円(本体2,600円)

水産資源解析と統計モデル
松宮義晴 編
A5判/上製/116頁/定価2,552円(本体2,430円)

マアジの産卵と加入機構
原　一郎・東海　正 編
A5判/上製/120頁/定価2,415円(本体2,300円)

水産資源学を語る
田中昌一 著
A5判/並製/160頁/定価2,415円(本体2,300円)

増補・改訂版 水産資源学総論
田中昌一 著
A5判/上製函入/382頁/定価5,250円(本体5,000円)

英和・和英 水産学用語辞典
日本水産学会 編
46判/函入/472頁/定価6,090円(本体5,800円)

定価は5%消費税込みです